The Measure of Reality
Quantification and Western Society

物可
万皆
测量

1250—1600年的西方

[美] 艾尔弗雷德·W.克罗斯比 著　　谭宇墨凡 译

GUANGXI NORMAL UNIVERSITY PRESS
广西师范大学出版社
·桂林·

图书在版编目(CIP)数据

万物皆可测量：1250—1600年的西方 / (美) 艾尔弗雷德·W.克罗斯比著；谭宇墨凡译. -- 桂林：广西师范大学出版社，2023.7

书名原文：The Measure of Reality：Quantification and Western Society, 1250-1600

ISBN 978-7-5598-5958-7

Ⅰ.①万… Ⅱ.①艾… ②谭… Ⅲ.①测量技术－技术史－欧洲－1250-1600 Ⅳ.①P2-095

中国国家版本馆CIP数据核字(2023)第059508号

WANWU JIE KE CELIANG:1250—1600 NIAN DE XIFANG
万物皆可测量：1250—1600年的西方

作　　者：[美]艾尔弗雷德·W.克罗斯比
责任编辑：彭　琳
特约编辑：王子豪
助理编辑：顾逸凡
装帧设计：今亮后声
内文制作：燕　红

广西师范大学出版社出版发行

广西桂林市五里店路9号　邮政编码：541004

网址：www.bbtpress.com

出 版 人：黄轩庄
全国新华书店经销
发行热线：010-64284815
北京华联印刷有限公司
开本：860mm×1092mm　1/32
印张：9.25　　字数：170千
2023年7月第1版　2023年7月第1次印刷
定价：88.00元

如发现印装质量问题，影响阅读，请与出版社发行部门联系调换。

西欧人，如果不是最早，肯定也在最早发明机械时钟、几何上精确的地图、复式记账法、严谨的代数和音乐符号，以及透视法的人之列。到 16 世纪，与世界其他任何地方相比，西欧都有更多人习惯定量思考。这些人也因此成为科学、技术、军备、航海、商业实践和官僚机构中的世界级领袖，并创造了西方音乐和绘画历史上的许多最伟大的杰作。

本书讨论的是中世纪晚期和文艺复兴时期，在西欧发生的从定性认知到定量认知的划时代转变。这一转变使得现代科学、技术、商业实践和官僚制度成为可能。它不仅带来了我们大家有目共睹的影响（诸如对时间和空间的测量，还有数学技术），同时也同等重要地影响了音乐和绘画，更加证明这一划时代转变的影响比我们曾经认为的更为深远。

将数字从万物中拿走，那万物都将湮灭。将计算从世界中拿走，那一切都将笼罩在黑暗的无知之中，而且一个不懂计算的人也与动物无异。

塞维利亚的圣伊西多尔（公元 7 世纪）

他们还是来了，来自那些对可衡量和可测量事物的研究有着狂热爱好的国度。

W. H. 奥登（1935）

目 录

第三部分　尾　声

前　言

　　我一生都在寻求解释欧洲帝国主义的惊人成功，而本书是我在这方面写的第三本书。作为帝国主义者，欧洲人既不是最残酷的，也不是最仁慈的，既不是最早的，也不会是最后的。欧洲人的独特，在于他们所取得的成功的程度。他们也许会永远如此独特，因为在这个世界上，不太可能再有哪一个地区的居民会享有压倒其他所有人的极端优势。

　　居鲁士大帝、亚历山大大帝、成吉思汗和瓦伊纳·卡帕克（Huayna Capac）都是伟大的征服者，但是他们都被限制在一个大陆，充其量能在第二个大陆插一脚。与维多利亚女王相比，他们也显得没有什么冒险精神，而是喜欢待在家里的人。要知道维多利亚女王的帝国，借用一个老套的说法，可是名副其实的日不落。在法国、西班牙、葡萄牙、荷兰和德国的鼎盛时期，太阳也从未落下。对这一胜利的诸多解释在 1900 年前后的欧洲颇为流行，它们以种族中心主义为底色，用社会达尔文主义来证成。简而言之，这些解释的主旨就是说，人类中那些最容易晒伤的成员，是已经开始凋零的进化之树上最新、最高，而且很可能是最后的树枝。浅色皮肤的人是人类中智力最发达、精力最充沛、理智最强大、审美最先进的，而且也是最有道德的。他们征服了一切，因为他们理应如此。

在今天看来，这样的解释似乎非常可笑，但还有什么其他的解释呢？我写过一些关于白人帝国主义者所享有的生物优势的书。他们携带的疾病席卷了美洲印第安人、波利尼西亚人和澳大利亚原住民。他们拥有的动物和植物，无论是驯化的还是野生的，都帮助他们将广阔的世界进行"欧洲化"改造，所到之处无不变成适宜欧洲人居住的乐土。[1] 但当我以生物决定论者的身份思考时，我被这样一种印象困扰，即欧洲人可谓无比成功，他们派遣船只横跨大洋前往事先计划好的目的地，而且在到达那些目的地时携带了先进的武器——比如说，先进程度远超中国和奥斯曼的加农炮；而无论是经营股份制公司，还是经略空前扩张和空前活跃的帝国，他们的效率都无人能及——至少从他们自己和其他人过往的历史来看，他们总体上做出的事情远超预期。虽说欧洲人并非如他们自己想的那样伟大，但他们的确能够组织大量的人力和资本，并比当时任何其他人群更有效率地利用物质现实获取有用的知识，同时攫取力量。为什么会这样？

　　教科书给出的解释，简单来说，就是科学和技术，而这对过去几代人来说肯定是正确的，并且对当今世界的大部分地区仍然适用。但如果我们回顾整个 19 世纪的历史，并继而追溯至欧洲帝国主义诞生之初，那么科学和技术就甚少进入我们的视野。我认为，西方人的优势，起初并不源自他们的科学与技术，而在于他们具备的思维习惯。这种思维习惯的运用，既让他们适时地在科学与技术方面取得了迅速进展，也使得他们在行政、商业、航海、工业和军事方面掌握了具有决定性意义的技术。欧洲最初的优势源自法国历史学者们所说的"心态"（mentalité）。

　　中世纪晚期和文艺复兴时期，一种新的现实模型出现在欧洲。定量模型刚刚开始取代古老的定性模型。哥白尼和伽利略，还有靠自学制造了一门又一门大炮的工匠、绘制新大陆海岸线的制图师、经营新帝国和东西印度公司的官僚和企业家、调控新财富流动的银行家——相比人类中的其他成员来说，这些人都始终更加坚定地以定量方式思考现实。

　　在我们眼中，他们是革命性变革的领头羊，他们的确是，但他们也是酝酿了几个世纪的心态变革所孕育出的子嗣。本书探讨的正是这些心态变革。

　　于我而言，写作本书可谓一场重要战役，而如果没有许多盟友的援助，我根本不可能取得胜利。感谢古根海姆基金会和得克萨斯大学，它们让我有时间和资金开展研究。感谢美国国会图书馆，他们允许我进入其藏书库，而馆内工作人员的建议和忠告也颇有助益。感谢布伦达·普赖尔（Brenda Preyer）、罗宾·道蒂（Robin Doughty）、詹姆斯·科朔雷克（James Koschoreck）和安德烈·戈杜（André Goddu），他们不厌其烦地帮我审阅了与各自专业相关的章节。玛莎·纽曼（Martha Newman）和爱德华多·道格拉斯（Eduardo Douglas）费心读完了整部手稿，帮我补正了诸多疏漏和错误。我要特别感谢罗伯特·勒纳（Robert Lerner），他认真阅读了全部手稿，还一丝不苟地审读了几个大长段的内容，让我不至于掉入错误的深渊。最后，还要感谢我在剑桥大学出版社的编辑弗兰克·史密斯（Frank Smith），我写了又写、改了又改，而他也孜孜不倦地阅读了我的稿件无数次，这简直是一场西西弗斯式的折磨。

第一部分

成功测量一切

Pantometry［"Panto-" 源自希腊语 "παντο-"，意为 "一切"；后缀源自希腊语 "-μετρία"，意为 "测量"。］

1. 通用测量（Universal measurement）：死语。见引例。［托马斯·迪格斯（Thomas Digges）：《几何学实践，或一种测量技术，分为长度测量、平面测量及立体测量》（*A Geomtrical Practice, named Pantometria, divided into three Bookes, Longimetra, Planimetra, and Steriometria* ），1571 年。］

《牛津英语词典》

第一章
测量一切

每种文化都活在自己的梦中。

刘易斯·芒福德（1934）[1]

公元 9 世纪中叶，伊本 - 胡尔达兹比赫（Ibn Khurrad-adhbeh）将西欧描述为"宦官、奴隶、锦缎、河狸皮毛、动物胶、紫貂皮和刀剑"的来源，仅此而已。一个世纪后，另一位伟大的穆斯林地理学家马苏迪（Masudi）写道，欧洲人头脑迟钝、口齿笨拙，而且"越往北，人就越愚蠢、粗鲁和野蛮"[2]。在任何一个久经世故的穆斯林眼中，基督徒正是这般模样，尤其是在伊斯兰世界被称为"法兰克人"的西欧人，因为这些人中的大多数都是野蛮人，他们虽居住在欧亚大陆，却远离其高雅文化的中心，生活在偏远的大西洋沿岸。

六个世纪后，这些法兰克人就在数学领域和机械创新

方面取得了不小的成就，至少与穆斯林和世界其他所有人
不相上下，甚至还可能处于领先地位。他们正处于科学连
同技术发展的第一阶段，这既是他们文明的荣耀，也将为
帝国主义的扩张提供利器。可是我们要问，从 9 世纪到 16
世纪，这群乡巴佬是如何做到这一切的呢？

　　他们那种用法语来讲所谓的"心态"，到底发生了什么
性质的变化？回答这个问题之前，我们应当仔细研究一下
16 世纪的心态。这种心态只是结果，而了解了它，我们才
能更好地知道要从原因角度探究什么。

　　媚俗的艺术作品就像一个窥视孔，通过它，我们并非
总是看到陈词滥调，也可以对社会取样，发现一个社会正
以最新鲜的热情思考着什么，甚至还能窥见其是如何思考
的。我举出的证据是老勃鲁盖尔 1560 年以"节制"为主
题创作的版画（图 1）[3]，"节制"在当时可是最负盛名的
古代美德。原画下面印有的拉丁格言虽可谓陈词滥调（"我
们必须注意，不要让自己沉溺于空虚的享乐、奢侈或淫荡
的生活，但也不要因为吝啬的贪婪而居于污秽和愚昧之
中"）[4]，但这位艺术家的目的是卖画，所以他会确保这幅
版画之中的东西都是新奇的，或者至少是流行了没多久还
有新鲜劲儿的。在这之前的五百年，或全面来看，甚至在
此前一百年，都没有人能或可能创造出这样一幅画，虽然
这幅画比一张美国地图复杂不到哪里去。

　　进步的西方人在"节制"这一主题上颇下了一番功夫。

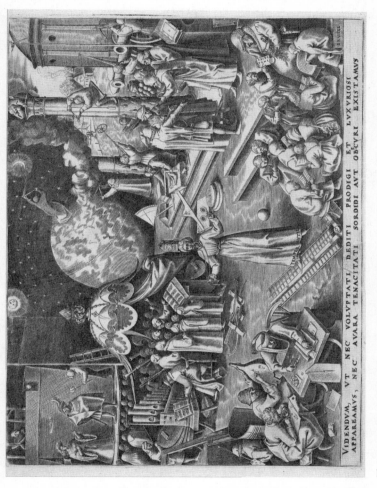

図 1 Peter Bruegel the Elder, *Temperanck*, 1560. H. Arthur Klein, *Graphic Worlds of Peter Bruegel the Elder* (New York: Dover Publications, Inc., 1963), 245.

16 世纪是天文学和制图学的伟大时代——这是哥白尼和墨卡托的世纪，因此，我们可以看到在画面中上部，一名胆大妄为的天文学家颤颤巍巍地站在北极点上，执意要测量月亮和某个邻近恒星之间的角距离。在他下面的一位同行也正在对地球上两个地点之间的距离进行类似的测量。就在他们的右下方，有一堆测量设备——其中有圆规、石匠用的直角尺和一只铅锤——还有正在使用它们的人。很明显，在勃鲁盖尔看来，他同时代的人和潜在的顾客都对他们的测量能力引以为傲，它们能迫使变动不居的现实世界保持不动，服从于四分仪和丁字尺的运用。

画面的右上方则致力于描绘暴力。那里的几个人和步枪、弩弓、大炮等设备都与战争有关，可以说，这是勃鲁盖尔那个世纪欧洲人主要参与的事业。在中世纪，战争无非骑马贵族之间的碰撞"游戏"，而这时的军事技术已不可同日而语，战争中居于主导的是大量平头老百姓之间的对抗，他们装备的都是"远距离"武器，如长枪、弩弓、火枪、步枪和大炮。领导这种全新的军队需要的不仅仅是勇气和在战马上坐稳的本领。

16 世纪的军事教科书通常都配有平方表和平方根表，用于指导军官，方便他们在西方文艺复兴时期新出现的战斗阵型中部署百人或者千人。新阵型很多，有正方阵、三角阵、剪刀阵、异形阵，等等。[5] 军官中的杰出分子，现在不得不"涉入代数与算术的汪洋大海"[6]，或者招募数学家来帮助自己。在莎士比亚的《奥赛罗》中，伊阿古既是一个老兵也是一名恶棍，他贬低卡西奥是一个"从未在战场上领过一队兵"的"算术家"，但要知道此类算术工匠在军事上已不可或缺。

　　新型战争已经把步兵降格为单位量。他们学会了像机械人一样行动，甚至会让希腊方阵和罗马军团中的士兵都自叹弗如。这时候，他们才开始做一些我们认为是士兵一直都会做的事，即步调一致。军事兼政治理论家马基雅维利曾宣称："就像一个跳舞的人，只要他一直与音乐合拍，就不会跳错；同样，一支军队若能正确遵守战鼓的敲打节拍，也就没那么容易被打乱。"[8] 无论是教科书还是教官，都把步兵使用长矛和枪支的复杂操作过程简化为一系列不同的动作——20个动作、30个动作、40个动作——这些动作需要投入的注意力和持续的时间都大致相同。法国小说家弗朗索瓦·拉伯雷嘲笑这些士兵表现得就像"一台完美的发条装置"[9]，有关此类机械装置的详细描述将在第四章展开。

　　在勃鲁盖尔的版画中，就在右上方两门大炮的正下方，有五个男人大概是在争论身旁那本大书中的内容，而那本书很可能是《圣经》。正是此类争论驱使人们铸造大炮，并把步兵都变成了擒纵器和齿轮。在这些争论者下方，一位老师正在教孩子们识字。对于充满抱负的人来说，识文断字的能力日益重要。即使是士官也需要有文化，"因为他们要为所有事情负责，但仅凭记性很难把那么多事情都处理好”[10]。

此前一个世纪，约翰内斯·古腾堡把哥特式字母标准化，将其铸刻在尺寸一致的小金属方块表面，不过这些金属小块的宽度略有差异（毕竟，像字母"M"就比字母"I"要宽）。他把这些金属块像列队行进的士兵一样码到一起，并紧紧地把它们固定起来形成一块印版，然后把这块印版压在纸上，这样一次就能印刷一整页。他最著名的产品就是《马萨林圣经》：每页有42行约2750个字母，且左右页边距等齐。[11]

版画左下方着重描绘的是一场忙碌热闹的计算。一位商人正在数钱，而钱正是我们用来衡量一切的东西。一名会计正在用印度—阿拉伯数字做着计算，而另外某个人——可能是一个农民？——似乎是在旧的鲁特琴或风箱背后做草算。他用手画的记号是什么？看起来像是画出来的符木棍，而实体的符木棍是一根木条，刻有用来表示数值的凹口：一个宽凹口代表一荷兰盾，一个窄凹口代表其中更细的划分。[12]

接下来，让我们把目光顺时针移动，可以看到一位画家（勃鲁盖尔本人？），他的背部面向我们，可能感觉很尴尬。依照文艺复兴时期透视画的主要原则，一幅画应该在几何结构上保持一致，且不能超过一个视点，在这幅版画中，勃鲁盖尔却把若干个场景挤在一起，每个场景都有各自的视点。画面右侧的人与物在空间上（虽然程度很轻）与那些台阶相互联系，台阶通过抬升，也就是说通过向后（即向上）退，形成了立体效果。相比之下，左侧那架管风琴，从我们的角度来看，则是一直向后方延伸，指向一个看不到但明显较低的地平线。天文学家和制图师则在超现实主义的空间中自顾自地突然出现。

如此一来，画面就变得很杂乱，但勃鲁盖尔很清楚自己在做什么。他和他的顾客都很熟悉文艺复兴时期有关透视的几何规则，但他决定打破这些规则，赋予每个场景独立的视点，进而表明这些原本相邻的场景各自所具有的独立性。（有关文艺复兴时期透视规则的详细描述请参见第九章。）

就在那位艺术家的上方，是一群音乐家和一个给管风琴泵气的苦力。歌手们正在演唱乐谱上的音乐。他们是不同年龄的儿童和成人，因此会分成几个声部，并伴随着管风琴、萨克布长号、木管号以及其他乐器歌唱。很可能他们在进行多声部演唱，如果真是这样，他们就肯定需要看乐谱。16 世纪是若斯坎·德·普雷（Josquin des Prés）和托马斯·塔利斯（Thomas Tallis）的时代，是教堂复调音乐的黄金时代，这是一种很复杂的音乐，可能最好——也许只能——借助写好的乐谱来演唱。文艺复兴时期的乐谱，跟我们现在使用的乐谱是有承继关系的，都是由从上到下表示音符音高的线条组成，其中的图形显示音符和休止符的顺序，这些音符和休止符的持续时间都是相等的，或有确切的倍数或分数关系。与勃鲁盖尔同时代的托马斯·塔利斯将在 1573 年用 40 个声部创作《歌唱与赞美》(*Spem in alium*)，可能是为伊丽莎白女王四十岁生日献礼。[13] 这首赞美诗可谓用量化方法处理声音的极致之作，从当时到现在，都没有人能够超越这一高超的复调呈现。

为了说明其所在时代并非只有战争、工作和机巧的技术，勃鲁盖尔还在画面左上角描绘了同时代的戏台、小丑以及其他事物。这位画家似乎不仅对当下，而且对未来的趋势也有很敏锐的嗅觉。就在这幅作品完成两年后，维加出生，而再过两年，莎士比亚也出生了。

"节制"本人占据了画面的中心。她左手拿着眼镜，象征睿智，右手拿着缰绳，缰绳另一端则被牙齿咬住，象征自我克制。她的高跟鞋上带有马刺（对巨大力量的控制），腰带则是一条打了结的蛇（邪恶的激情得到控制？）。她站在柱式风车的叶片上，而风车是中世纪欧洲最伟大的能源技术。在画面的正中央——这肯定是有意为之——她头上所戴的正是当时西方最独特的测量数量的装置：机械钟表，而其巨大的嘀嗒声已经在欧洲耳边响了 250 年。[14]

勃鲁盖尔的版画是一个大杂烩，再现了 1560 年左右西欧城市人的兴趣和关注点，我们也可以称之为西方的文艺复兴之梦。那时候的人和事颇为混杂，甚至很难为这所谓的梦起一个概括性的名字。之前还未曾有人关注过其内部的一致性，甚至没有人将其作为一个整体来考虑。那其实是一种对秩序的渴求，甚至是要求。勃鲁盖尔那幅版画中的许多人都以这样或那样的方式，将现实的事物构想为由某些统一单位量组成的集合物，或者说是无数单位量的集合体，这些统一单位有很多，如里格（league）、英里、角度、字母、基尔德（gulden）、小时、分钟、音符。西方正下定决心（至少是大部分决心），要以单位量在一个或更多特征方面的一致性来对待宇宙万物，单位量通常被认为是以线形、方形、圆形和其他对称形式排列的：音乐五线谱、军队中的排、复式记账法的双栏账户、行星运行的轨道。画家们逐渐开始认为，场景是几何上精确的视锥集中于观察者眼中所造成的现象。若我们假设每个时代都有自己的时代精神，那么文艺复兴时期在绘画这个完全是视觉的艺术和技艺方面所取得的空前的、到今天也是无可媲美的成就，就是可以预见的，甚至是不可避免的；对此我已经说得够多了。

　　文艺复兴时期西方的选择是以视觉方式一次性尽可能多地感知现实，这是当时和之后几个世纪西方最独特的文化特征。这一选择甚至延伸到了最不需要视觉和最转瞬即逝的东西上，那就是音乐。你可以在一页纸上立刻看到几分钟的音乐。当然，你听不到它，但是你可以看到它，并立即通过时间了解它的整个主题发展过程。文艺复兴时期的音乐是要限制变异，是要减少即兴发挥。这种选择也体现在战争中，即为那些在战争恐怖阴云笼罩下的男人精心设计了行动准则。似乎就是从 16 世纪开始，西欧的将军会和兵头们一起在沙盘上推演战术。[15]

我们应该将这种把事物、能量、行动和认知分解成均等部分并加以计数的热情称为什么呢？还原论？错倒是没错，但这个过于宽泛的范畴，并不能帮助我们将这种热情与其他事物的发展联系起来，例如，尼科洛·塔尔塔利亚（Niccolò Tartaglia）在 1530 年代回答的一个问题，即大炮应该向上倾斜多少才能把炮弹射得最远。他从一门重炮中射出两个重量和装药量相等的炮弹，射角分别为 30° 和 45°。第一个的射程是 1,1232 维罗纳尺 *（Veronese feet），第二个的射程为 1,1832 维罗纳尺。[16] 这就是量化。这就是我们设法处理物质现实的方式，把芜杂的细节放到一边，直抓要害。

用 W. H. 奥登的话来说，我们生活的社会"对可衡量和可测量事物的研究有着狂热爱好"[17]，我们很难想象还有其他什么替代方式能帮助我们处理现实世界。出于比较的目的，我们需要看另一种思维方式的例子。我们选择柏拉图和亚里士多德的著作，除了因为它们颂扬了一种非计量的或几乎可以说是反计量的方法，还因为它们绝佳地体现

---

* 维罗纳尺约为 0.342915 米。1,1232 维罗纳尺约为 3851.62 米。11 832 维罗纳尺约为 4057.37 米。

了我们原始的思维方式。

　　这二人比我们更重视人类的理性（reason），但他们不相信我们的五感可以准确地衡量自然。因此，柏拉图写道，如果灵魂依赖感官获取信息，"它就会被肉体拉进变化无常的领域，并迷失方向，开始感到困惑和混乱"。[18]

　　这两个希腊人将材料（data）分为两类，一类是我们可以十分确定的，另一类是我们永远不会确定的，此种分类标准与我们的不同。你我都会同意，日常经验的原始材料是变化无常的，而且我们的感官是不可靠的，但是我们相信，有这样一类事物，它们对我们来说是存在的，却不被这两位哲学家承认：这类事物足够均质，因而我们可以合理地对其进行测量，然后计算出平均值和中位数。至于说到进行此类测量时感官的可靠性，那我们就会明确指出在此可靠性基础上取得的诸多成就：动力织机、航天器、保险精算表，等等。这当然不是一个可靠的答案，因为我们的诸多成功可能是偶然的，可它却也是一个例证，说明了人类通常用来评估自己能力的方式：也就是问，什么可行，而什么不可行。为什么的确很聪明的柏拉图和亚里士多德，会回避这类有益的可计量物？

　　这里至少有两点需要说明。第一，古人对量化测量的定义比我们的狭窄得多，而且常常为了一些更广泛适用的方法而拒绝这一概念。例如，亚里士多德就曾陈述说，数学家只有在他"剥离了所有可被感知的性质，例如，轻重、软硬，还有冷热或其他可感知的相互对立的性质"之后，才能测量各个方面的维度。[19]亚里士多德，这位被中世纪的欧洲等同于"哲学家"*的人，发现相比于定量层面，在定性层面的描述与分析更有用。

我们会说重量、硬度、温度"和其他可感知的相互对立的性质"是可以量化的，但无论是在这些性质中还是在人类心智的本质中，这种可量化的特点都不是固有的。我们的儿童心理学家宣称，人类甚至在婴儿期就表现出了天生的计数离散实体的能力[20]（三块饼干、六个球、八头猪），但是重量、硬度等，并不是作为离散实体的数量出现在我们面前的。它们是状态，不是集合；而且更糟的是，它们通常处于流变之中。我们无法数清它们；我们必须用心智之眼去观察它们，通过命令（by fiat）†去量化它们，然后计数单位数量。这很容易通过测量广延（extension）来完成——例如，一支长矛有好几英尺长，而我们可以把这支长矛放在地上，沿着其长段切割后计算它的长度。但是硬度、热量、速度、加速度——我们到底要如何量化它们呢？

对于祖先所犯的错误，我们总是有后见之明的优势，但要知道，可以用单位数量来衡量的东西并不像我们认为

---

* 在中世纪的神学作品中，如果只提到"哲学家"而不直呼其名，那就是特指亚里士多德。

† 《创世记》中，上帝说"要有光"，其拉丁文为 fiat lux，进而衍生出神学短语"通过命令创世"（creation by fiat）。

的那样简单。例如，14 世纪，当牛津大学默顿学院的学者们开始考虑，在尺寸之外，测量运动、光、热和颜色等不太明确的性质的益处之时，他们还继续推进，突破思维枷锁，开始谈论对确信、美德和恩典的量化。[21] 事实上，如果你能在温度计发明以前就想到衡量热（heat），那还有什么理由能把确信、美德和恩典预先排除在外呢？

第二，与柏拉图和亚里士多德不同，除了少数例外情况，我们都接受一种假设，即数学和物质世界是直接而紧密相关的。我们接受了一个看似不言自明的事实，即物理学这样一门与可感知的现实有关的科学，应当像数学那般极其精确。但这个命题并非不言自明；这是一个极不平凡的命题，许多圣贤都曾质疑过它。

超越用手指和脚趾计数水平的数学可能起源于测量的进步。那时的人们需要给粮食称重后销售，需要在底格里斯河和印度河之类河流旁的市场中记录羊和其他动物的数目，这些数目都很大；人们也需要判定节气，如此才能选择合适的耕种时间；在埃及，人们还需要在尼罗河洪水退去后勘测潮湿荒芜的田地。这些都要求发展出更有效的测量。但之后，实际的测量和数学开始分化，并一直保持着这种分离。称重、计数和勘测都是世俗的活动，但数学被证明具有超然的性质，它令那些试图挣脱世俗束缚从而寻找真理的人陶醉。勘测员们一定早在几个世纪前就知道了毕达哥拉斯定理（直角三角形斜边长度的平方等于其他两边长度平方的和），之后，他们中的某个人才认识到这一定理的哲学意蕴和神秘含义。勘测员认为，这个定理是超自然事物存在的证据；它是抽象的、完美的，而且就像迷雾和风雨之中出现的彩虹一样令人敬畏。之后，原始的毕达哥拉斯主义者艰难地走出泥泞的田野，并很可能建立了一种宗教秩序。从那时开始直到现在，纯数学和计量学一直是相互独立的两个学科。

柏拉图说，前者属于哲学，人们可以通过它"把握真实的存在"。后者属于无常的事物：例如，战争，士兵必须懂数学，如此才能妥当地部署军队；还有商业，店主必须懂算术才能记录买卖的情况。[22]

柏拉图建议我们远离物质世界，因为物质世界"是流变之物"，他希望我们转向"永恒之物"。[23] 他引导我们注意绝对的美、善和正义，注意三角、方、圆的理念，注意他所确信的独立于物质世界而存在的抽象概念。他相信，只有借助"纯粹理性"，才能获得有关此类实体的知识。这种理性可以通过学习数学来开启其获取哲学知识的旅程。他建议未来的哲人王学数学，"直到用自己的纯粹理性看到数的本质"。[24]

很难确切地知道他说的是什么意思，但我们可以看看具体的例子。柏拉图认为，理想的公民数量是 5040 人。该数字似乎是个明智的选择，因为它可能代表了在不借助特殊扩音设备的情况下，能同时听到一个人讲话的人数上限，但柏拉图选择这个数字并不是出于这个原因，而是因为这个数字是从 1 乘到 7 得到的。[25] 这就是数学的神秘主义，而从数学的神秘主义走向数字命理学要比走向复式记账法容易得多。

亚里士多德倾向于认为柏拉图主义缺乏实质内容。与他的伟大导师相反，他尊重那些用脚踢大卵石并且凭感觉到的疼痛坚持认为脚趾骨折是石头存在证据的人。他相信感官材料，但对数学在解释这些材料方面有多大用处持怀疑态度。例如，几何学好倒是好，但大卵石从来都不是完美的球形，棱锥也不是完美的棱锥体，那么以几何学的眼光看待它们有什么用处呢？聪明的人当然会看出，一块大卵石比另一块更大，也比另一块要圆或不圆些，但不会浪费时间试图精确测量像物质现实这样多变的事物。

科学（以及现代社会的许多其他特征）可以被定义为将具有柏拉图式精确性的数学应用于亚里士多德所谓未经雕饰的现实后得到的产物。但是抽象数学和实用计量学既相互吸引又相互排斥。古典地中海文明之中的某些人物（如托勒密）成功地将二者交织在一起，但二者在西罗马帝国的最后几个世纪中逐渐解绑，并在中世纪早期彻底分道扬镳。如玛雅文明和中华文明等其他文明中的天才人物，他们利用数学技术来分析和处理测量结果，取得了智力上的成就，但在这些社会中，理论和实践最终也开始分化。16世纪，当西班牙人抵达墨西哥尤卡坦和中美洲海岸时，玛雅人正处于智力的低潮期，而且不再完善他们的数学和历法了。[26] 等到西班牙人和葡萄牙人到达东亚，中国人早已忘记了宋代制作巨型时钟的技术，而他们的历法也有缺陷，这种缺陷一直存在，直到耶稣会士帮他们纠正为止。[27]

记录表明，将抽象数学和实际测量相结合，之后又疏忽、忽略和遗忘，这种进步与倒退的循环是人类历史的常态。西方独特的智力成就是把数学和测量结合在一起，用其理解一种在感官上可知觉的现实，而西方人完成了一次信念的飞越，认为这样的一种现实在时间和空间上是统一的，因此也易于接受此类检验。为什么西方成功促成了这二者的强制结合呢？

欧洲人是如何、为何以及何时从或开始从在测量上看很可疑的原始思想走到或至少走向勃鲁盖尔在《节制》中为客户展示的那些严谨的艺术、科学、技艺和技术的？欧洲人是如何、为何以及何时超越了简单的感官材料堆积，不再像林鼠那样只会收集闪亮垃圾的？他们是如何、为何以及何时把自己从对柏拉图式现实无尽而徒劳的抱怨中拯救出来的？本书的主要内容解决的就是"如何"的问题。"为何"的问题也许是西方文明中最难以理解的，它像一个被谜团吞食的谜，也是本书后半部分要探讨的主题。"何时"的问题也许是这三个问题中最简单的，我们可以试着马上回答。

至少在新石器时代，西方文明就对量化有了粗浅的认识（我的羊群有 12 只山羊，而你的只有 7 只），但又过了几千年，这种认识才变成一种狂热。托勒密、欧几里得和其他古代地中海地区的数学家在测量和数学方面做出了成果颇丰的贡献，但在中世纪早期，几乎没有几个欧洲人了解甚至接触过他们的著作。西方人信奉《圣经》，其中说到上帝"按照量、数和重安排好了万物"（《智慧篇》11:21），但 1200 年左右，西方人还是很少考虑或认真注意可量化现实的概念。

建造了哥特式大教堂的那些石匠师傅是例外，他们建起了比例舒适、几乎不会倒塌的建筑，但他们掌握的几何学知识纯粹是实用性质的。他们不知道欧几里得，但就像今天优秀的木匠一样，他们实践几何学的方法，不夸张地说，就是使用几个基本图形：三角形、正方形、圆形，等等。总的来说，他们的传统是通过口头传递的，而说到工作中的测量，其实就是师傅用他的手杖指着石头说，"你得给我从这里切"。[28]

之后，在 1250 年到 1350 年之间，明显的转变出现了，但这种转变更多与实际应用而不是理论有关。在这一百年中，我们可以更精确地把时间范围锁定在五十年以内，即从 1275 年到 1325 年之间。有人建造了欧洲第一座机械时钟和第一门大炮，这些装置迫使欧洲人以量化的时间和空间概念来进行思考。波托兰航海图（Portolano）、透视法和复式记账法出现的确切年代无法准确追溯，因为这些都是新出现的技术，而不是具体的发明，但是我们可以有把握地说，这三种技术最早都是在那半个世纪或其后不久就出现的。

罗杰·培根（Roger Bacon）测量了彩虹的角度，乔托（Giotto）有意识地以几何构造绘图，而西方的音乐家，此前几代，一直写的是一种被称为"古艺术"（*ars antiqua*）的笨重的复调音乐，而之后随着"新艺术"（*ars nova*）的兴起，就开始写他们所谓的"精确测量的歌曲"。此后半个世纪再也没什么值得称道的革新了，直到 20 世纪初，无线电、放射现象、爱因斯坦、毕加索和勋伯格席卷欧洲，才又掀起了一场类似的革命。[29]

定量的迹象出现于 1300 年左右的西欧，它随着人口和经济增长达到了第一个高峰，此后，西方跌跌撞撞地陷入了一个世纪的恐怖之中，人口崩溃、长期战争、突然的毁灭、名誉扫地的教会、周期性饥荒和传染病的浪潮，一个个接踵而至——其中最严重的当属黑死病，但定量一直持续着。在那个世纪，但丁写下了他的《神曲》；奥卡姆的威廉挥舞着他锋利的剃刀；沃灵福德的理查德制作了时钟；马肖创作了他的赞美诗；而某位意大利船长则命令一名舵手，沿着一条罗经航向（compass course），从菲尼斯特雷角穿越比斯开湾前往英格兰，选择这一航线的依据不是口头或书面的资讯，而是航海图；另一个意大利人，可能是我们说的这艘船的所有者，则编制了一份类似于资产负债表的东西。对历史学家来说，这就像看着一只受伤的鹰不知不觉地游离进了一团看不见的上升暖气流，然后不断地翱翔。

第二章

历史悠久的神圣模型

> 心灵最深处的渴望，即使是在最复杂的运作中，
> 也与人类面对宇宙时的无意识感觉相似：它是一种对
> 通晓的坚持，一种对清晰的渴望。对一个人来说，了解
> 世界就是把世界还原成一个人，然后盖上自己的印记。
>
> 阿尔贝·加缪（1940）[1]

"测量一切"（pantometry）是基督教第二个千年纪前
半期欧洲语言中出现的新词之一，由于有了新的趋势、制
度和发现，一些新词浮出水面。还有其他一些新词，如
"百万"（milione）和"美洲"（America）。13 世纪时，
"更多数量"（more）的普遍激增淘汰了不方便也很少使用
的"一千个一千"（*a thousand thousand*），并催生了一个
方便的替代词——"百万"。哥伦布和阿梅里戈·韦斯普
奇（Amerigo Vespucci）等人大约在两个世纪之后出于需

要创造了"美洲"这个词。这些新词是西方社会的车轮在转变方向并与旧时代一成不变的车辙摩擦而发出刺耳声音时溅出的火花。这些转向和这些刺耳的声音是本书的主题，但首先我们必须审视那些过去的车辙，也就是说，审视中世纪和文艺复兴时期大多数西方欧洲人对现实的看法，这些看法曾经被认为是正确的。

我们可以先把"一成不变的车辙"放到一边。随着时间的推移，旧有的现实观不得不被抛弃，但其在一千五百年的时间里，都没出什么问题，而如果我们考虑到这一现实观中的大部分内容曾是古典世界的权威观点的话，那这一现实观发挥作用的时间就更长了。从眼前的事物到遥远的恒星，它为几十代人提供了理解周围环境的方法。不，这不是一成不变的车辙式的成例（rut）："惯例"（groove），就其所具有的重复、方便和容易的含义来看，是更好的说法，尽管这个词的应用过于宽泛了，以至于没有什么特别的用处。我会将旧现实观称为"历史悠久的神圣模型"（Venerable Model），之所以说"历史悠久的神圣"，是因为这一旧观点的确很古老，而且值得尊敬。

数代人的时间里，"历史悠久的神圣模型"在欧洲人的常识中保持了近乎垄断的地位，因为它具备古典文明的优良特征和威信，更重要的是，它整体上与实际经验相符。此外，它对宇宙的描述满足了人们的需求，清晰、完整，适当地令人敬畏但又不至于晦涩难懂到使人昏昏欲睡。举例来说：任何人都会看到，天空是广阔、纯净的，与大地完全不同，但天空也绕着大地旋转，大地虽小，却是万物的中心。

历史悠久的神圣模型提供了一个人可在情感上承认，也可在理智上理解的结构和过程——例如，以人类尺度衡量的时间和空间。

时间令人敬畏，但并没有超出人类心智的容纳能力。约公元300年，尤西比乌斯（Eusebius）宣称上帝创造了宇宙并上紧了时间的发条，在道成肉身之前的5198年，时间开始流逝。大约公元700年，尊者比德（Venerable Bede）确信，创世发生在更晚近的时期：根据他的推算，这个数字是在道成肉身之前3952年。无论是在中世纪还是文艺复兴时期，有名望的西方人都认为，从创世到道成肉身再到他们所处的时代，这个时间不会超过7000年。250代到300代人肯定足以囊括从创世到当下，再到审判日的所有时间。（西方人当然相信无限——那是上帝的一个属性——但无限是时间的对立面，而不是时间的延伸。）

空间同样很广阔，但也不至于让人摸不着头脑。据大约在1245年写作的梅斯的戈苏安*计算，如果亚当在被创造出来以后立即以每天25英里（约合40公里）的步行速

---

* 法国天主教神父、诗人，著有百科全书式的诗作《世界的形象》（1245）。一般称其为梅斯的戈蒂埃（Gautier），但这部作品最早的版本表明，他的真名是戈苏安（Gossouin）。

度出发（一整天的长途跋涉，但对一个健康的年轻男子来说也不至于太过分），那他还要走 713 年才能到达恒星。几十年后，罗杰·培根计算出，一个人每天走 20 英里（约合 32 公里），需要 14 年 7 个月 29 天多一点儿才能到达月球。对西方一些最博学的学者来说，宇宙的范围仍然可从行走的角度来描述。[3]

现实（我会用这个词来指称时间和空间内的所有物质，以及时间和空间这两个维度本身），具有人类可理解的维度，并以人们可理解或可接受的方式运行，但这并不意味着它在本质上是统一的。人们认为现实是一种不均匀的、异质的东西，这种态度也许在今天很少见，在过去却很普遍，例如，那些遥远而毫无疑问很聪明的中国人就持有此种看法。[4] 打个比方，也许可以说在赤道以北，猫总是追赶老鼠，从来不会说老鼠总是追赶猫，但是谁能有把握地说在赤道以南，情况也是如此呢？而且，基督徒有什么理由怀疑玛土撒拉在创世后的第一个时代活了 969 年，尽管如此的长寿在如今这个时代是不太可能的。

欧洲人在处理现实本质上的异质性时，选择直接承认它的存在，即使对于它最直接的表现，也是如此：火向上升起而石头向下坠落，不是因为它们在抽象的重量上有大小之分，而是因为它们是不同的东西，就是这样。然而，现实并不是绝对混乱的——如果真是那样就会非常令人痛苦，但是现实的可预测性并不是因为其本身，而是因为独一无二的上帝。坎特伯雷的威廉写道："造物主已经如此安排了物质法则，无论好与坏，除非遵循他公正的法则，否则没有什么事情会发生。"[5]

这是否意味着仅靠人类自己就可以量化现实？假设上帝屈尊以人类的理性标准思考，那么这是很有可能的，尽管研究者们对上帝这个第一因的迷恋长期以来都让人们忽视了直接可感知和可能可以衡量的第二因——速度、温度，等等。

这一神圣模型的信徒迷恋象征意义，要说明这点，举例比抽象描述更有用。让我们来举两个例子，一个来自地理学（空间），一个来自历史编纂学（时间）。基督徒们认为，耶稣受难是全部时间的中心——也因此是世界的中心。耶路撒冷，耶稣受难的地方，必定是地球有人居住之地的中心。预见到了他的苦难，《以西结书》第 5 章第 5 节不是说，"这就是耶路撒冷，我曾将她安置在列邦之中，列国都在她的四围"？

中世纪的欧洲人普遍认为，那个中心必定位于北回归线上，从亚洲到近东，从非洲到西南，以及从欧洲到西北，当时已知的大陆都聚集在北回归线周围。主教阿尔库夫（Bishop Arculf）在 7 世纪访问耶路撒冷之时，发现在主的十字架曾让一个人起死回生的那个地方立起了一根圆柱。他写道，这根圆柱证明这座城市位于回归线上，因为在夏至日的正午，这根圆柱没有投下任何影子。11 世纪，教皇乌尔班二世在发起第一次十字军东征的布道中，也把耶路撒冷描述成坐落于"地球的中心"（此外，它还位于一块"最富饶的土地之中，就像另一处快乐天堂"）。[6] 三百年后，约翰·曼德维尔爵士（Sir John Mandeville，可能是个虚构的人物，但没关系）在中东旅行时，重申了这个普遍的信念，即在地球上被人类占领的那部分地区，耶路撒冷是中心。[7] 有谁曾用日晷验证一下耶路撒冷是否真的在回归线上吗？没有，这就像我们不会通过查阅《新约》来检验日晷的证据一样。耶路撒冷的中心地位不需要验证；这种中心地位在历史上和神学上都是显而易见的。

　　包括历史学家在内的许多人都认为，所有历史尽数体现于出自《但以理书》的"四国"格局之中。尼布甲尼撒梦到一尊雕像，这像的头是精金的，胸膛和膀臂是银的，肚腹和腰是铜的，腿是铁的，脚是半铁半泥的。["泥脚"（clay feet）在我们现如今说的警句中还在使用，讲的是即使最强的人也难免有弱点。] 古欧洲人认为，这尊像的头代表了巴比伦帝国，之后接续它的是银帝国，再之后是铜帝国，最后是铁帝国，一共四国。最后一个铁帝国会持续很长时间，并经常被认为说的是罗马帝国，这一帝国会以某种形式持续存在，直到某些事件直接导致了时间的终结。这迫使基督徒不得不玩一个把戏，把加洛林王朝和奥托王朝都认定成罗马。不这么做，就会破坏一个无价的象征，这种象征把神圣遥远的过去、转瞬即逝的当下，以及神圣而迫近的未来编织在一起。[8]

现在，请首先摒弃一种想法，即"常识"无论在何种时代都是相同的，如此，我们便可继续简要评估历史悠久的神圣模型的三个方面：时间、空间，以及数学——我们至今仍然认为数学是衡量和思考时空维度非常有用的方法。我们将从罗马帝国的衰落开始，穿越中世纪和文艺复兴，纵览一千年，为我们的评估寻找材料。就标准而言，我们在选择材料时不一定看其思想地位，而是会看重其分布情况和持续性：西欧人在多广的范围内和多长的时间里持有某一特定看法？我们的标准将是一种"静态近似法"（卡洛·奇波拉*提出的概念），强调一千年时间里的一致性，以至于好像把这段时间当成了一个单元。这是一种奇想，但有用。一千年的"常识"将作为一个背景，在此之下，各种革新将会清晰地呈现出来。[9]

我们从时间开始。欧洲人过去不认为时间会有多长。圣奥古斯丁对那些妄想计算时间总和的无耻之徒提出了警告，他们试图算出从创世开始，到出现敌基督、基督二次降临、善恶大决战和世界末日的确切年数。尽管有一些人尝试了，但他们从未就某个确切数字达成一致。然而，他们都认为，审判日比创世日要近得多。[10]

---

* 卡罗·奇波拉（Carlo M. Cipolla，1922—2000），意大利经济史学家，著有《工业革命前的欧洲社会与经济》等。

尽管如此，中世纪的欧洲人通常很少注意时间的细节。他们确实能用细致到令人痛苦的描述来确定事件发生的时间，例如，某位查尔斯伯爵被谋杀是"在一千一百二十七年，在三月第七天前的第六天，也就是说，在本月开始之后的第二天，当大斋节第二周已经过去两天而第四天也快要迎来黎明之时，在第五个工作日和闰余的第六天"。但他们通常只是模糊地确定事件发生的日期。举一个例子，一份英格兰文件注明的时间是"国王和佛兰德斯的蒂埃里伯爵在多佛举行会谈之后，这位伯爵出发前往耶路撒冷之前"。[11] 彼得·阿伯拉尔（Peter Abelard），这位 12 世纪早期西方无与伦比的哲学家，他的自传中几乎没有提到几个确切的日期；如"几个月之后"和"一天"这样对时间的指称就足够了。[12] 你可能会期待像圣托马斯·阿奎那这样生前显赫死后也有名望的人，对其生平会有精确的记录，但就连他的出生日期也有 1224 年、1225 年、1226 年和 1227 年等多个版本。[13]

我们对中世纪和文艺复兴时期的时间长期存在困惑，它就像章鱼一样，我们只能近似地把握它的形状。古代欧洲人对时代错乱有着惊人的容忍度。例如，公元 6 世纪，图尔的格列高利（Gregory of Tours）知道有人亲眼看见过以色列人逃离法老军队时在红海海床上留下的二轮战车车辙，这些车辙在每次新一轮淤泥堆积之后还会奇迹般地再次出现。[14] 如果这是真的，那么出埃及的确切年份就不那么重要，不是非弄清楚不可，甚至可能都没什么人关注了。时间，超越了个人的生命长度，并不被设想为一条以等量划分的直线，而是一个舞台，它用来上演所有戏剧之中最伟大的那一场——得救升天对罚入地狱。

西欧人有几种划分这一时间舞台的方式。分成两个时间段（从创世到道成肉身，以及之后）和分成三个时间段（从创世到十诫，从十诫到道成肉身，以及从道成肉身到当下以及之后到第二次基督降临），这是所有基督徒都很熟悉的。[15] 一个更深奥难懂但常被提及的体系是来自《但以理书》其中一节的"四国"体系，我们已经讨论过了。西方教会最重要的教父圣奥古斯丁，他按照创世的六天加上安息日来划分时代，是这一划分体系的首席架构师。前六个时代分别从创世、大洪水、亚伯拉罕、大卫、犹大被俘和基督诞生开始。第六个时代将随着第二次降临结束。之后就是安息日，最后是永恒的国度。

这些时代，无论是第几个，在性质上都是不同的。除非上帝之子耶稣亲自拯救那些生活在其之前的人，否则，无论他们的德行如何，都不可能得到救赎。这就解释了为何但丁会在地狱的边缘而不是在炼狱或天堂遇到荷马、贺拉斯、奥维德、卢坎、苏格拉底、柏拉图和托勒密这样的好人。[17] 不同时代的不同性质甚至会造成数量上的差异。圣奥古斯丁知道，第一个时代中在大洪水出现之前的人，他们每一个都活了好几百岁——《圣经》是这么说的，而且他们也比奥古斯丁同时代的人高大许多。维吉尔和小普林尼就是这么说的，洪水时不时地就会卷起巨大的人骨。奥古斯丁写道，他曾见过一颗人的牙齿，大到如果按照正常牙齿的尺寸切割，能分出 100 颗来。[18]

此种信念很普遍，因为欧洲人此前没有清楚认识到时间中的因果关系，也就是说没有认识到有一系列因素，其中一个因素导致另一个，引发重大变化。对他们来说，从一个时代到另一个时代的转变是突然发生的，例如，从洪水时代到道成肉身的时代。而且，从人的角度看，这种转变也是武断的。如果你把我们许多人都秉持的进化观念替换为一个全能上帝的观念，就不难理解，从活了几个世纪的巨人祖先到身躯较小而寿命短暂的我们这一转变过程只消数千年时间了。

西欧人有一个相当精确的历法，这是他们从罗马人，更确切地说，是从尤里乌斯·恺撒继承而来的。恺撒时代，罗马的官方纪年已经偏离太阳年太远，春分甚至是在冬天到来。一贯喜欢行使权力的恺撒，宣布我们今天指定的公元前 46 年应该有 445 天，以此来让官方纪年与太阳年同步。（这一年也被戏称为"混乱之年"。）此后，官方纪年将有 365 天，每四年会有一个闰年，闰年则有 366 天。

这就是儒略历，在一千五百年的时间里，它都是基督教的标准日历，但许多其他的时间细节仍未确定。此类细节中的一个就是一年的开始日期——罗马人选择 1 月 1 日为一年的开始，基督教选择的是天使报喜日；还有别的什么吗？从何时开始计数年份也是一个未定的细节。罗马人从罗马城建立之日以及从某位特定的皇帝或执政官统治时开始计数。[19] 西方人尽了他们最大的努力跟从这种做法。例如，哈特菲尔德大会（Synod of Hatfield，公元 680 年）就是"在我们最虔诚的诺森布里亚国王埃克格里菲斯在位的第十年、麦西亚的埃塞尔雷德国王在位的第六年、东盎格利亚国王奥尔德沃夫在位的第十七年"[20] 举行的，诸如此类。这是非常不方便的，而且在分散而无中心的欧洲，这样做根本不能提供有用的通行信息。几个世纪的混乱之后，西方采用了狄奥尼修斯·伊希格斯（Dionysius Exiguus）设计的体系，这位 6 世纪的修道士，宣称基督教时代始于基督道成肉身之时，并把这一年定为公元（*anno Domini* 或 A.D.）1 年。[21]

　　西方人拥有儒略历是很幸运的，但它并不完美。实际的太阳年比 365.25 天少几分钟，所以儒略历的闰年有点儿多。这对农民和贵族来说，根本无关紧要，对那些一丝不苟的教士来说却意义重大，他们正努力适应中东地区的一个宗教，而这个宗教有一个变化无常的节日，即复活节。基督徒的做法颇为奇异，他们同时参照惯例、月亮历和太阳历，确保复活节不会和逾越节出现在同一天。公元 325 年，尼西亚会议宣布，复活节应当在春分后第一个满月之后的第一个礼拜日。[22] 复活节就像流水上的倒影，在春天的头几个星期里飘忽不定。

即使那些天文和数学知识颇为渊博之人，也一直在明确复活节日期这一问题上备受困扰。也许元旦是哪天倒不是很要紧，某一年是第几年也是如此，但复活节，这一用于纪念基督复活的日子，这一用于确定其他不固定节日的参考点，必须出现在某个合适的礼拜日。这就要看春分日是哪一天，而儒略历由于闰年过量，春分这一天渐渐地向夏季靠拢。13 世纪，儒略历与实际日期先是相差了 7 天，之后相差了 8 天。罗杰·培根写信给教皇，建议改革历法，但无果而终。许多最伟大的数学家和天文学家——雷戈蒙塔努斯（Johannes Regiomontanus）、库萨的尼古拉（Nicholas of Cusa）、哥白尼——都认为这个问题很重要，但是政治和教会精英以及普罗大众对历法的细微差别漠不关心，以至于格列高利改革（参见第四章）到了这个时代的末期才出现。[23]

"小时"，这个古代中东人用来划分日夜的单位，是人们普遍关心的最小单位量。他们当然知道有更短的时间，但他们会随便凑合着想出别的办法来处理它们：14 世纪的烹饪指南教导初学者煮鸡蛋时说要煮"能够念一遍《怜悯》（*Miserere*）* 那么长的时间"。[24] 然而，"小时"太长也太重要，

---

* 一般指圣经《旧约·诗篇》第 51 篇，该篇开头第一句是 "Miserere mei, Deus"。

以至于人们无法只是估计它。《约翰福音》第11章第9节中，耶稣自己就说："白日不是有十二小时么？"（暗示夜晚也有12个小时。）

　　欧洲没有横跨赤道，因此昼夜时长在一年之中变化巨大。即便如此，他们的昼与夜也必须各为12个小时。欧洲人有一套不均等的、像手风琴一样可折叠的小时制，其时而拉长时而收紧，以确保无论冬夏，昼与夜都有12个小时。[25] 更让人困惑的是（对我们而非他们），这些不均等的小时，虽然至少使用了我们熟悉的十二进制，但也并不是日常使用的那种小时。大多数人在判断时间时并不是简单地看一眼太阳在天空中的位置，而是依赖教堂钟声这一时间宣布系统，教堂的钟是当时最有效的信息媒介。这一系统就是所谓的七段祷告时间制度，如今的修道院仍在遵循，这七个"小时"分别为夜祷（matins）、第一时辰（prime）、第三时辰（tierce）、第六时辰（sext）、第九时辰（none）、晚祷（vespers）和睡前祷（compline），它们表示特定的祈祷时间（《旧约·诗篇》第119章第164节："我因你公义的典章，一天七次赞美你"）。它既服务虔诚之人，也服务不恭敬之人。在《神曲·天堂篇》第十五歌中，但丁说佛罗伦萨的钟敲响了第三时辰和第九时辰的钟声；而薄伽丘《十日谈》中提到具体时间指的也是祷告的时间。[26]

　　中世纪初期，祷告时间只有三个，后来有了五个，最后有了七个，而且这些时间从来没有与时钟时间牢固绑定。它们是时段而非时点。在各个时段持续期间选择一个时刻敲响教堂的钟是有问题的。我们可以通过研究英语中"noon"这个词曲折的语义变迁的传奇故事来理解这一点。"noon"这个词来自表示祷告的第九时辰的词"none"，后者来自拉丁语（nōna），意思是一天的第九个小时，从日出开始算起，起初是在午后（afternoon）三点左右敲钟报时的。中世纪时，第九时辰报时的时间开始在白天向回移动，最后，早在 12 世纪时，它到达了自己的安息之地——正午。毫无疑问，在不同地区，转移的速度并不相同。在 13 世纪的英格兰，当时诺曼人和萨克逊人还没有成为英国人，这一转移过程似乎特别复杂："第九时辰"（none）这个词在法语中指下午三点左右，但在英语中是正午的意思。[27]

第九时辰的长征可能起源于一群修道士，在斋戒期间，他们不能在第九时辰前吃东西，因此也就想让第九时辰能越来越早地报响。事实上，圣本笃——其可能是西方隐修历史上最重要的人物——在公元 6 世纪时建议，第九时辰"应该在更靠前的时候，大约在第八段祷告的中间"。他的动机很可能是想在夏季时少挨饿一会儿。[28]

根据但丁的说法，第九时辰的报时时间慢慢向前滑到正午或者第六时辰。第六个祷告时段是"一天中最崇高，也是最具美德的"，"6"是其因数 1、2、3 的总和，因此是崇高的。（我们会花几页的篇幅讨论具有诗意象征的数字。）因此，日课经文的诵读时间倾向于正午，早的往后推一推，晚的往前移一移。[29]（这在实践中如何实现并不容易理解。）

"noon"的移动体现了大多数中世纪欧洲人的一个明显特征。他们和我们一样关心时间，但关心的方式与我们的很不一样。他们的关心跟象征价值有很大关系，跟精确度倒无甚相关。

欧洲人秉持的时间观念至少在一个方面与我们的非常相似。人类中的大多数——希腊的柏拉图学派、纳瓦霍人、印度教徒、玛雅人——相信，时间在更大维度上的模式正如同呈现在我们面前的模式，即四季轮回、天体周转，等等。他们信仰循环的时间，而且并不担心时间会像线轴上的线那样有解绕殆尽的时候。西欧人也承认生命的轮回，因为年复一年无疑是季节的循环，至少到目前为止，有日落就会有日出，诸如此类。此外，他们还相信《旧约》在细节上就预示了《新约》。但他们是基督徒，所以不能完全接受循环论。上帝踏入时间之河，如此便将线性时间的概念神圣化了，这就让人类有了获得拯救的可能性。圣奥古斯丁说："如此，让我们坚持正道，也就是基督的道，以他做我们的向导和救主，让我们的心灵远离不敬神者虚幻和徒劳的循环。"[30]

线性时间有一个开端，也会有一个终结。你可以从头数到尾——如果你愿意的话。

中世纪和文艺复兴时期的空间结构就像一个金鱼缸，它是绝对有限的、球状的，以及完美的。从这个球状空间最外层的球面向里，有许多其他的球体，它们一层套着一层，紧密嵌套在一起。它们之间没有任何空间：那时的自然比现在更厌恶真空。[31]这些球体是完全透明的，球面上承载着各类天体。最外层的球体上显然运有物体，它们承载的是固定的星星，这些星星之间的相对位置不会改变（至少改变得没那么快，一个人一辈子或几辈子都不会注意到有什么变化）。这些就是我们所定义的恒星。最外层球体内部的球面承载着地球、太阳和月亮。

所有的球面及其可见的载物都在做完美的圆周运动，因为天体是完美的，而圆是最完美和最高贵的形状。形状是有品质的，而圆形，就像数字"6"一样，本质上是高贵的。直线运动与天体的性质是对立的。天体和它们运行其上的球体都是由那完美的第五元素构成的，这种元素恒定、无瑕、高贵，而且完全优于人类接触的四个元素。[每当我们使用"以太"（quintessence）这个词指称第五种要素或元素时，我们都会恭敬地认同这一理论。]

月球之下的一切都是变幻无常且卑贱的，都是由那四种元素组成的。在月球之下，离它最近的是火球，再下一层是风球，之后是水球，最后在中心的是地球，其是"宇宙的根基"。这些元素显然并不总是整齐地层层堆积，而是混合在一起的，例如，海洋中有干旱的土地。对此的解

释有很多，而且其中一些相当大胆：例如，一种观点认为，
从陆地退下去的水会在别的什么地方堆积起来。[32]

    风会把沙砾吹进你的眼睛，你的双脚经常又冷又湿，
可以说，在地球上，无常就是规律。13 世纪，巴托洛梅乌
斯·安格利库斯（Bartholomaeus Anglicus）宣称，地球
是宇宙中所有天体里"最臃肿也最不精妙和简洁的"。三百
年后，一个法国人说得更清楚，地球"满是各种罪恶和可
憎之事，它是如此堕落而残缺，甚至看起来像是一个接收
了所有其他世界和时代的污秽之物与净化之残留物的地
方"。[33] 在月下区，自然运动不是完美的圆周运动，而是直
线运动，而且只能通过猛力改变。如果任其发展、不加干
预，火就会径直向上去往它在火球之中合适的位置，而石
头，也有类似的动机，会径直朝地坠落。

    我们所在的这片月下贫瘠之地杂乱不均，这不仅体现
在气候和动植物种类上，也体现在它的种种令人称奇之处。
《约翰·曼德维尔骑士游记》是文艺复兴时期颇受欢迎的一
本书，该书严肃地指出，在"长老约翰之国"，有茫茫一
大片无水的砂砾之海，"和一般的海洋一样，这片海上波
涛汹涌，永不平静"。在埃塞俄比亚，那里的人只有一只脚，
这只脚"特别巨大，当人们要躺下和休息时，这只脚就会
荫蔽整个身体，遮挡太阳"。（曼德维尔的这一说法可能来
自圣奥古斯丁：这位圣人曾听说埃塞俄比亚人的两只脚长
在一条腿上。）[34]

　　地理环境是定性描述的。印度地方的人行动缓慢，"因为他们身处第一种气候中，即土星的气候；土星本就很缓慢而且几乎不动"，欧洲人则是一个活跃的人群，他们生活的土地有所谓的第七气候，即月球的气候，而月球"环绕地球运行的速度比其他任何行星都快"。[35] 甚至对基本方位的描述也是定性的。南方象征着温暖，并且与仁慈和耶稣受难联系在一起。东方，是朝向人间天堂伊甸园的方位，尤为重要，而且这就是为什么教堂都是东西走向的，且行使主要功能的祭坛位于东边。世界地图也以上为东。"真北"（true north）指的是正东，每次我们自己"确定方位"（orient）的时候，都要尊重这一准则。

　　无知使得地图制作相当简单。在几个世纪的时间里，T-O 世界地图广受推崇，这种地图通常以耶路撒冷为中心。之所以称为 T-O 地图，是因为它们大致的模式都是一个字母 O 里套一个字母 T——也就是说，一个有一条直径线的圆，而与这条直径线垂直的另一条直线将此圆的一半分成两部分。较长的直径线代表了顿河、黑海、爱琴海、耶路撒冷和尼罗河，它是南北的分界线，分开了亚洲，使其占据了地球大陆块的一半。另一条线代表地中海，将这块圆形大饼的另一半分成两块三角形，分别是欧洲和非洲。[36]

　　一些欧洲人认为，欧洲、非洲和亚洲一共只占陆地面积的四分之一，与另外四分之三土地之间被横贯南北和东西的大海隔开。似乎不太可能有什么人会住在那另外四分之三的区域，而且单纯有这种想法也可能是对神不敬。自从大洪水退去，载着亚当和夏娃全部活着的后裔（也就是说，全部人类）的挪亚方舟在亚腊拉山停靠之后，怎么可能还有人旅行去那里呢？显然，人不可能通过陆地过去，而走水路的话，这距离也令人生畏。圣奥古斯丁的看法是，"如果说有人乘船横越了整片广阔的大洋，从世界的一边穿越到另一边，那可就太荒谬了"。此外，如果他们要从亚腊拉山出发前往那两个南部的区域，就只能穿过不适宜居住且异常炎热的热带地区。但丁曾说，任何相信地球另一端还有人居住的人都是傻瓜。

上帝为了他的目的所创造的这个世界，这个亚当、夏娃、亚伯拉罕、大卫、所罗门、耶稣及其使徒，还有撒旦及其小恶魔活动其中的世界，点缀着诸多具有宗教影响力的小片人类聚居地。既然伯利恒、耶路撒冷和犹大王国都可以拜访和穿行，加利利湖也可用于饮水和捕鱼，那么为什么一个人就不能找到，比如说，地狱？《约翰·曼德维尔骑士游记》的作者曾写到过一个真正的地狱入口，那是一个"危险溪谷"，里面有金子和银子，用来诱惑凡人进入，在那里"人们很快就会被恶魔勒死"。作者笔下的伊甸园建在亚洲东部的一座山顶上，这山非常高，站在山顶甚至能触到月球运行的轨道。在这座人间天堂里，有一口井，"涌出了四条江河，奔流于不同土地之上"，即恒河、底格里斯河、幼发拉底河和尼罗河。如果谁想试图溯流而上,那么"从高处汹涌流下"的河水所发出的噪声会令其失聪。[38] 1498年在委内瑞拉海岸,哥伦布确信奥里诺科河就是那四条河流之一,而那座人间天堂也近在咫尺。[39]

持有此类信念的人是如何看待地图的呢?基督徒如何看待埃布斯托夫地图(Ebstorf),这可是 13 世纪世界地图制作的最新成果。我们注意到这幅地图存在诸多失真、遗漏和完全错误的地方,考虑到当时绘制这幅地图的人几乎没有什么一手资料,也几乎没受过几何学的训练,我们会认为这些问题是可以原谅的。但是我们不知道如何从整体上来理解这幅地图。这幅地图的背景是被钉在十字架上的耶稣,他的头位于远东,被刺穿的双手分别位于世界的最北端和最南端,而受伤的双脚则靠近葡萄牙的海岸线。这幅地图的绘制者们想说什么?当然不会是想说尼罗河在安提阿西南方向具体多少里格处流入地中海。他们的地图试图告诉我们什么远而什么近,以及什么是重要的而什么是不重要的,而这种努力既非通过定量方法,也不依靠几何学。它更像是一幅表现主义的肖像画,而不是证件照。它是给等待救赎的罪人看的,而不是为航海家准备的。

目前为止,我们还没触及的是,除了在量的指示方面,我们与中世纪和文艺复兴时期西方人的想法还有什么更大的不同。他们尽管推崇托勒密和阿基米德,但没有继承二者精确表达数量的偏好。制作玻璃、圣杯、管风琴和其他东西的配方中很少有数字:"多一点"和"中等大小的一块"之类的描述就足够精确了。14 世纪,巴黎有许多私人住宅,要数清这些住宅有多少,那就和要数清"旷野中的茎秆或密林里的树叶"有多少一样。[40] 中世纪的欧洲人使用数字只是为了造势而不是为了准确。《罗兰之歌》中的英雄在战前宣布:"我将发动一千次攻击,然后再发动七百次,而你们会看到我的杜伦达尔剑上淌着鲜血。"他在战斗中阵亡,十万法兰克人为之恸哭。[41]

除了对笼统和不精确有某种嗜好,西欧人,尤其是那些生活在我们所说的中世纪的人,还缺乏清晰和简单的数学表达方法。他们没有表示加、减、除、等或平方根的符号。如果他们需要代数方程所具有的那种清晰度,他们会像古人那样,写出冗长、复杂、近乎普鲁斯特式的句子。[42] 他们的数字表达系统继承自罗马帝国,对每周市集和地方收税而言是足够的,但要处理比这更大的事情就不够用了。罗马数字不断重复着 I、V、X、L、C 和 M(这些符号上下会标有水平横线以区别于字母),很容易学会,而要理解它们组合起来代表的数量只需要简单的加减法(通常只需要加法,因为给小点儿的数多加一些比从一个大数中减掉一些简单得多)。但是这些拉丁数字如果用来表示大数就太笨拙了。举例来说,像"1549"这样的数字通常被写成 Mccccccxxxxviiij。(末尾的 j 表示一个数的结束,保证没人能在此数后面再写下去。)好在不讲理论的罗马人和中世纪欧洲人很少需要使用大数。[43]

　　中世纪的欧洲人用罗马数字记数，但并不用这一数字系统进行计算。他们的手和手指头就能充当一台有用的计算器了，而且如果要进行更有难度的运算，他们还会使用计数板。我们对"手指计算系统"最好的描述来自尊者比德，他在其年代学著作的序言中简要论述了"必要和便捷的指算技能"。从 1 到 9 的数字都可以凭弯曲手指来表示：弯曲的小指代表 1，弯曲的小指加无名指代表 2，以此类推（完美的数字 6 是通过弯曲最高贵的指头即无名指来表示的）。10 和 10 的倍数是用手指的各种造型来表示的，例如，用拇指触摸手指的某些关节。更大的数字就需要更复杂的组合，比德用上了手、胳膊、肘和躯干。要想表示"五万"，就需要用伸出的手的拇指指向肚脐。有人抱怨说，更大的数需要"舞者们来做各种姿势了"。

　　无论是比德，还是任何他同时代的西欧人，都没有位值或零的概念，但是他们运用指算计算时仿佛知道这些概念似的。手指关节充当了位值——一个关节代表十位，另一个关节代表百位，以此类推，而零则由手指正常放松时的位置来代表，也就是说，什么手势都不做。该系统甚至能做"6×8"这样简单的计算，甚至还能做一点像"13×14"这样的乘法。[44]〔如果你想知道怎么做，我推荐卡尔·门宁格（Karl Menninger）的《数词和数量符号》（*Number Words and Number Symbols*）。〕

但是，对于复杂运算来说，指算就不够用了。为此，欧洲人求助于计数板（abacus）。abacus 这个词虽然起源于希腊语和拉丁语，如今指的却是东亚的算盘，人们可通过拨动金属丝上的珠子来进行运算。对于中世纪和文艺复兴时期的欧洲人来说，这个词指的是一种计数板，板上的横线代替了金属线，来回放置的小圆石或筹码代替了算珠。（图 2）。

利用计数板，一位熟练的从业者可以快速而准确地做各种计算，即使涉及的数字很大也不在话下。这个设备的好处是既能有位值和零的便利，但又不必先有这两个概念。如果你想表示"101"这个困难的数字，你就把一个筹码放到百位线上，把另一个筹码放到个位线上。你不需要绞尽脑汁去想怎么表达没有十位数或不是 5 结尾的数，只需要把某一行或某几行空着就行。

计数板至今仍在世界上的许多地方得到广泛使用，原因很简单，它是人类成本最低也最合用的发明之一，而其在公元 500 年—1000 年的西欧消失这件事，则证明了当时那里的文明到了最低点。很难相信所有人都忘记了这件发明，也很难相信，在五个世纪的时间里，再也没人用小木棍在沙子上画线并穿着凉鞋用鞋尖把小圆石在线之间来回拨弄，以此来证实自己的估计，如七个牛群中已经有多少头牛在某个早晨被赶进了市场。无论真相可能为何，事实是，计数板的确从文字和考古记录中消失了五百年。[45]

图 2　使用印度–阿拉伯数字的计算员和一个计数板，1503 年。图片来源：Karl Menninger, *Number Words and Number Symbols*（Cambridge, Mass.: MIT Press, 1977），350。

　　计数板在西方的复兴，跟法国修道士热尔贝（后来的教皇西尔维斯特二世）有关，他在公元 10 世纪下半叶于西班牙学习，那里当时深受伊斯兰学术和科学的影响。他学习了印度-阿拉伯数字和计数板，并可能把这两样带回了自己的家乡。[46] 到 11 世纪末期和 12 世纪，有关基本计算的论述说的主要都是与计数板有关的内容，而且出现了一个新的动词不定式 "*to abacus*"，意思是计算。[47] 16 世纪，计数板已经非常普遍，马丁·路德甚至会不假思索地用计数板来做比喻，以阐述属灵的平等主义如何与顺从比自己更有才智之人相容："对计数师傅来说，所有的筹码都是平等的，它们的价值取决于被师傅放置的位置。同理，人在上帝面前也是平等的，但他们相互之间的地位并不平等，这取决于上帝将他们放在何处。"[48]

热尔贝之后，也许是在 13 世纪，西欧计数板上的线从垂直方向朝水平方向旋转了 90°。今天的我们会觉得这种方向调整是很顺理成章的，因为现在可以像阅读文字一样横着阅读板上的筹码了，但这种转变并非出于数学计算上的目的。卡尔·门宁格认为，这种转变的灵感可能来自阿雷佐的圭多（Guido of Arezzo）的乐谱，其中，音高以在垂直方向上的不同位置来表达，而音符的阅读和演奏则是从左到右的。[49]（我们将在第八章再次提到圭多。）

计数板可以处理大数和复杂的运算，所以我们不能因为我们所谓的中世纪西方人在数学上的无能来责备他们。尽管他们的愚昧 [G. R. 埃文斯称 12 世纪中期之前的这些人是"次欧几里得"（sub-Euclidian）][50] 在很大程度上解释了其在数量推理方面的无能，但此外还有别的原因。对我们来说，除了少数诸如数字 13 恐惧症之类的迷信，数字完全是中性的，就其本身而言没有道德和情感上的价值，和一把铲子一样是纯粹的工具。然而，过去的欧洲人可不这么想：他们认为，数字既有定量的一面，也有定性的一面。

"我们不能轻视数字的科学。"堪称公元 5 世纪基督教教义来源的圣奥古斯丁写道。他接着说，这门科学对"谨慎的解经人有突出助益"。上帝用了六天时间创世，因为 6 是一个完美的数，这我们已经从但丁那里知道了。7 也很完美。在圣奥古斯丁那个时代的用法中，3 是第一个奇数，而 4 是第一个偶数。两个数字加在一起就构成了完美的 7。上帝在完成创世之后的第七天不是还休息了吗？ 10 是诫命的数字，象征着律法，而 11 比 10 大 1，则意味着对律法的违反，即罪（sin）。另一方面，12 是审判的数字，因为构成数字 7 的 3 和 4 这两个数相乘就是 12。40 是大斋节持续的时间，也是救世主复活后在地球上生活的天数，对圣奥古斯丁来说，则代表着"生命本身"。[51]

将近一千年后，圣托马斯·阿奎那使 14,4000——也就是《启示录》承诺在世界末日将得到拯救的人数总和——变成了一个与神圣数字有关的集合。14,4000 中的 1000 代表完美（大概是因为 1000 是代表诫命的数字 10 自乘 3 次而得出的数，而 3 又出现在三位一体中且是从耶稣受难到复活之间的天数）。14,4000 中的 144 是 12×12。12 代表对三位一体的信仰，也就是说，3 乘以地球的 4 个部分。

这两个 12 中，一个表示使徒的数目，另一个是以色列支派的数目。[52]

今天，如果我们想要重点关注某个特定主题，并且在我们的讨论中达到最高的精确性，那么我们就会使用数字。过去的欧洲人更喜欢广泛关注，并且习惯了不精确，希望尽可能囊括可能是重要的事物。一般而言，他们寻求的不是对物质现实的把握，而是指向现实背后隐秘世界的线索。他们对待数字就像对待文字，充满诗意与想象。

于我们而言，这一历史悠久的神圣模型的大部分内容，就像通古斯人的萨满巫师对现实的看法一样奇特。对于这一模型中的错误——例如，地球是宇宙的中心——我们嗤之以鼻，但就这一模型而言，我们真正面临的问题是，它是夸张的、戏剧性的，而且是目的论的：上帝和目的笼罩着一切。我们想要（或者以为我们想要）的对现实的解释是不带任何情绪的，像蒸馏水一样。我们的天体物理学家，在为时间和空间的诞生寻找称呼时，已经拒绝了"创世"（creation）一词，而这个词会永远有人提及并引起永恒的回响。他们选择了"大爆炸"（big bang）这个带有轻蔑意味的称呼，以尽可能削弱这个主题所具有的戏剧性，并最大限度降低这种狂热思考的传播速度，减少它造成的扭曲。中世纪和文艺复兴时期的欧洲人，不仅像萨满，而且也和某些时候的我们以及一直以来我们中的一些人那样，想要马上得到结论性的和情感上令人满意的解释。用加缪的话来说，他们渴望一个"会爱也会痛苦"的宇宙。[53]

在这样一个宇宙中，天平、准绳和时间沙漏只不过是实践中方便快捷一点的设备。古代欧洲人的宇宙是质的宇宙，而不是量的宇宙。

第三章

必要但不充分的原因

> 就因果关系而言，有氧气是有火的必要条件，但
> 不是充分条件。氧气，加上可燃物，再加上划火柴的
> 那一下，这些放在一起才是出现火的充分条件。
>
> 威廉·里斯（1981）[1]

本书的目的是要描述 1250 年以降西方从定性认知转
到——或至少可以说转向——定量认知的加速过程。其中
尤其重要的是，我们想要找出推动这一加速过程的原因。
这一任务的后半段令人生畏，而在开始之前，我们必须探
讨一下我们准备寻找的东西，以免我们还没有找到就说服
自己已经找到了。例如，印度—阿拉伯数字的出现虽是极
其重要的，但也不过是逻辑学家们所说的必要不充分条件。
我们不能忽视诸如此类的条件（题记中的氧气和可燃物），
但我们探求的最终目标是"划火柴的那一下"。

　　我们会在本章讨论氧气和可燃物之类的条件，即商业和国家的兴起、学术的复兴，以及其他新出现的事物，这些在解释中世纪和文艺复兴时期西方量化思维增强方面都是必要不充分条件。

　　在接下来的章节中，为了确保我们不是在用纯粹的混淆观念和现象的做法打太极，我们将验证走向量化这一趋势的实际证据，例如机械时钟、航海图，等等。继而，在许多章节后，我们会找到那根点燃的火柴。

　　随着欧洲人不断体验着新的事物，西方的认知也发生了变化。公元1000年到1340年之间，西方的人口翻了一番，甚至可能达到了之前的三倍。许多人迁移到刚刚排干的湿地和新近开垦的林区，并向东与斯拉夫人争夺肥沃的土壤。另一些人则成为城镇居民，通常在新出现的羊毛和亚麻行业工作，新城市如雨后春笋般涌现，旧城市也在扩张。到14世纪初，威尼斯和伦敦各自大约拥有九万居民，这一数字至多是开罗的五分之一，但以西方此前几个世纪的标准看，已经是相当大的规模了。[2] 之后，随着14世纪中期黑死病的爆发，欧洲人口减少了三分之一，并在下个世纪继续下降，城市人口可能比农村人口减少得更快。然而，在不到一百年的时间里，西方人就恢复元气，度过了早期的高峰，而城市也再次发展起来。[3]

　　一次又一次，尤其当人口增长时，为了上帝，为了新的采邑和商业的扩张，西方人踏上征途，开始远航，入侵伊斯兰和异教的土地；而且所到之处，他们都会发现已有经验所无法理解的事物。沙特尔的富尔彻（Fulcher of Chartres）参加了第一次十字军东征，他写道，黎凡特有河马、鳄鱼、豹子、鬣狗、龙、狮鹫和蝎尾狮，每一头蝎尾狮都长着人脸，口中有三排尖牙，其叫声如长笛般优美。[4]

在西方，数以百万计的农民与数以千计的城市居民之间有了更多的贸易往来。地区之间的远程贸易也增加了，就连穆斯林居住区和马可·波罗带回了不可思议故事的那些难以想象的地方，也与西方产生了商贸联系。由于获取税收的胃口越来越大，国家开始整合。作为仁慈和救赎的源泉，教会竟然以相当之高的热情开始征税，以致许多基督徒甚至怀疑教皇是否仍然享有"耶稣赐予圣彼得的权柄，即捆绑与释放，因为教皇的行为已经证明自己与圣彼得完全不同"。[5]

形形色色的新人开始出现，突破了中世纪欧洲的三级社会结构（农民、贵族和神职人员）。这些新人中有买家、卖家还有货币兑换商，他们在雅克·勒高夫所称的"计算的氛围"中不断出现并乐在其中。[6] 这些新人是商人、律师、书记员，是使用雕刻笔、羽毛笔和计数板的高手。他们是布尔乔亚，是有城堡的村镇上的公民，是读写能力和计算能力比欧洲大多数神职人员和贵族都更胜一筹的精英阶层。腓力四世，一位强大到足以挑战英格兰国王和教皇的君主，曾求助热那亚商人贝内代托·扎卡里亚来管理他的海军，还邀请佛罗伦萨商人穆夏托·圭迪来管理他的财政。[7] 算上去，这两人在当时的社会等级制度中应该处于中间位置，但理论上这一制度并没有为中间阶层留位置。

　　这些新人很多都是通过财富获得相应的社会地位，而他们积累财富的方法则是使用机器来开发自然之力。中世纪时，欧洲建造了数以万计的水磨坊，用于研磨谷物、漂洗布匹，以及其他各种目的。根据《土地调查清册》，英格兰在诺曼征服时有 5624 座水磨坊，大约每 50 户人家就有一座。西方人显然是独立发明了单柱风车磨坊，这种风磨坊有一个水平的轴，轴上有与轴成直角的叶片，也就是我们大多数人一想起荷兰就会想到的那种风车。[8] 中世纪鼎盛时期，单柱风车磨坊随处可见，而 14 世纪早期，但丁就可以在描写巨大且长着翅膀的撒旦时说他像 "在风中打转的磨坊"，并确信读者能看明白。[9] 到 15 世纪或者远早于此，相比于世界其他地区，西方都有更大比例的个体了解了轮子、杠杆和齿轮，而西方人，无论身处南北，都日益习惯了机器无休止的呼呼声和咣当声。

　　中世纪晚期西方社会出现的变化，并不比五百年后工业革命时期社会出现的变化大，但从表面上看，可能的确是翻天覆地的变化。欧洲在公元 1000 年还没有思考变化的固定方式，当然更不必说社会变革，而 1750 年的欧洲至少已经对变化的概念有所熟悉了。

　　然而，与同时代的穆斯林、印度和中国文明相比，西方为生存乃至为了从雪崩般的巨变中获利做了独特的准备。西欧就像那些寻找青春永驻之法的医生，他们寄希望于胚胎组织，换言之，虽然活力也的确很重要，但与其说是关心活力本身，倒不如说更看重胚胎的一个特质，即尚未分化。胚胎组织还非常幼小，因而潜力巨大，可以变成任何种类的细胞组织。

　　西方缺乏稳固的政治权威和宗教权威，而且从最广义上说，文化权威的情况也是如此。在诸多伟大文明之中，它的独特之处在于其顽强抵制了政治、宗教和思想上的中央集权化和标准化。库萨的尼古拉和布鲁诺等神秘主义者所描述的宇宙有一个共同之处：没有中心，也因此，到处都是中心。

　　西欧就像一个大杂院，有诸多不同的管辖区——王国、公国、男爵领、主教辖区、市镇、行会、大学等，是一个充满了制衡的混合体。任何权威，即使是基督在世俗的代理人，也没有政治、宗教或思想上的实际管辖权。这一点在新教改革中变得特别明显：例如，约瑟夫·尤斯图·斯卡利杰尔（Joseph Justus Scaliger）通过从天主教的法国迁居到信奉新教的日内瓦，再到宗教宽容的荷兰莱顿，保住了自己的宗教信仰和身家性命。西方的去中心化特质此前也曾拯救过异见者。奥卡姆的威廉曾经拒绝承认教皇约翰二十二世在使徒贫穷等问题上享有权威，于是教皇将他逐出教会，也就是说，一把将他从教会的怀抱中推出去，使之落入孑然一身的境地，没有圣礼，也得不到任何基督教的援助和抚慰——至少从理论上来说是这样。这位已被定罪的男人跑到教皇的敌人、神圣罗马帝国皇帝路易四世那里避难，之后他发表的言论一如既往，最后阻止他发声的也不是教皇，而很可能是黑死病。[10] 而且，那些违背世俗权威却服从罗马的人当然通常能够在罗马教廷找到避难所。一代又一代，教皇们一直都供养着一批拒不服从者和其他类似的"叛徒"。在后来和更世俗的时代，无论是国王、僭主还是首相也都是这样做的。去中心化的欧洲总是为流亡者留有一个阁楼上的房间或至少也是谷仓里一个干燥的角落。

　　西方传统的精英阶层，无论是世俗的还是宗教的，都没有足够充分地联合起来对抗他们最明显和最直接的权力竞争对手，以保护自己的利益，这些对手既非来自精英阶层内部，也不是鞑靼人或穆斯林，而是他们作为城市居民每天都会打交道的那些商人。要知道，亚洲和北非的政治贵族与宗教贵族最终总是会联合起来压制后起的新贵。另一方面，在西方，商人和银行家甚至成功建立了自己的家族王朝，并在政治上崭露头角；其中的佼佼者当然是美第奇家族，但也还有富格尔家族，以及许多富有且有影响力的次要家族。货币兑换商就像酵母，大多数人——农民、神职人员或贵族——永远无法将他们清除或消灭，而且这种酵母还会在传统的各个阶层中生发活力，甚至还会被各个阶层吸收接纳。

宫廷和大教堂的精英们无法压制城市资产阶级，因为他们认为，如果没有这一自大的新兴精英阶层提供的财富和技能，他们就无法实现自己的野心。在上层阶级能够将他们的蔑视和刚刚表现出的恐惧转换为有效的政策之前，商人们就已经创造了一种新的文明，其中，其他人只要向那些以计算为生的人购买服务和授予特权，就能满足自己的欲望。

西方，无论是思想还是社会，都没有固化。相较于其他诸多伟大的文明，西方的独特之处，在于其缺乏一个系统发育的古典传统（classical tradition）。其他文明的古典综合（classical syntheses）根植于他们的历史。他们的行事准则是他们古代文化的一部分，甚至穆斯林也是如此，即使他们大多数都不是贝都因人，而是波斯人、埃及人、希腊人和其他族群的后裔。这些老于世故之人并不觉得有必要重新思考他们对现实的基本概念。甚至在发明或使用排版和格式这些抄写细节方面——按字母排序（或者汉字中的某种对应的排序法）、标点符号、缩进、大写、页眉等——他们也都落后了，而在西方，正如我们即将看到的，这些细节对刚刚进入某一领域学习的初学者来说颇有助益。[11] 古代的文明国家几乎没有什么"初学者"的概念。

简而言之，西方人在古代很边缘。为了说明这一点，我们只需要指出他们最神圣的那些圣地即可，这些圣地都位于西方之外，而且在萨拉丁（Salah Al-Din Yussuf）取得胜利之后，它们就在基督教世界之外了。[12] 与历史悠久的神圣模型中大部分内容的异域起源同样棘手的，是这种模型的内在矛盾。其中蕴含的希腊和希伯来元素——分别是理性主义的和神秘主义的（出于简洁，请允许我作此简化）——是不和谐的。与其竞争对手不同，西方长期以来一直都需要解释者、调停者和整合者。

神学 - 哲学真理在中世纪鼎盛时期获得了古老的权威，并由同时代人进行了改善，但结果很矛盾的是，这种本应发挥解释作用的真理，与其说是一种安慰，不如说变成了一种困惑。12 世纪，巴思的阿德拉德（Adelard of Bath）、切斯特的罗伯特（Robert of Chester）等西方学者跟随有学问的犹太人和穆斯林学习，通常是在西班牙，之后他们回到家乡，将古希腊和当时伊斯兰文化中一些最伟大思想家，如柏拉图、托勒密、阿维森纳等人的作品的拉丁译本赠予基督教世界。13 世纪，全套的亚里士多德著作译本在西方出现，这就好比一只装着葡萄酒的双耳瓶从一艘希腊双层桨座战船上滚落到了一艘北海的柯克船上。

这是第一次，西方人不得不面对一名异教徒所提供的一整套详细知识和高度复杂的阐释。西方人后来称亚里士多德为"哲学家"，这位哲学家几乎解释了一切——伦理学、政治学、物理学、形而上学、气象学、生物学。中世纪的标准神学教科书是彼得·伦巴第（Peter Lombard）的《四部语录》，该书写于公元 12 世纪中叶，收集了教父们的数千条经典语句，其中只有 3 条来自世俗哲学家；但圣托马斯·阿奎那于 1266—1274 年完成的《神学大全》，单单对亚里士多德的引用就有 3500 条之多，其中有 1500 条出自百余年前西方人都不知道的著作。[13]

历史悠久的神圣模型不再是典范——不是因为西方人认为它是错误的，而是因为过去的各种解释之间有时候并不完全自洽，或者不能完全满足当下的需求。例如，根据古希腊和古罗马的说法，四种元素分别是土、气、火和水，但《创世记》的故事中没有提到气。圣托马斯·阿奎那解释说，摩西"没有明确提及"这种无形元素的名字，"这是为了避免在无知之人面前呈现一些超出他们知识范畴的东西"。[14] 还有一个例子：1459 年，修士毛罗（Fra Mauro）制作了一张世界地图，其中，亚洲特别大，甚至将耶路撒冷挤出了正中心这一最尊贵的位置。他解释说，

> 虽然从经度位置来看，耶路撒冷有些偏西，但从纬度位置看，耶路撒冷确实位于有人居住之世界的中心，不过，因为欧洲的西部人口更稠密，所以如果我们考虑人口密度而不是那些人迹罕至的空间，那么耶路撒冷从经度位置来看仍然处于中心。[15]

历史悠久的神圣模型在众目睽睽之下失去了典范意义。根据约翰·赫伊津哈、小林恩·怀特、威廉·鲍斯马等研究中世纪末期最具智慧的当代历史学家的说法，从13世纪末期到16世纪，对文化失去信心的西方，一直在泥沼中苦苦挣扎，处于认知混乱的状态中。[16] 西方传统的认知模式和解释方式已经不再能发挥其主要功能，用鲍斯马的话来说就是，不能再"赋予……经验以意义，给生活带来一定程度的可靠性，从而减少——即便不能完全消除——生活终极的和可怕的不确定性"。[17]

西方人开始非常缓慢地、试探性地，而且经常是无意识地临时创造出了一个新版本的现实，这一现实脱胎于过去继承的诸种元素，也脱胎于当时的经验，这种经验通常来自商业活动。新出现的模型与众不同，它日益强调精确度、对物理现象的量化，以及数学。以下，我们会称呼它为"新模型"（New Model）。

如果说有谁在推动这一新模型出现的过程中扮演了主要角色，那就是市镇居民了，他们是西方和大多数社会中最活跃的居民。就如同胚胎细胞在生长一样，这些人是变化的，即便他们来自古老的精英阶层：例如，新建的庞大而超级昂贵的城市大教堂里的主教。一些市镇居民则是新兴精英和文化先锋派，也是我们应该给予特别关注的群体。他们的工作时间都花在了大学和市场这两个中心中的一个。

市场比文字和轮子的历史还要久远，但西方人必须自己发明前者。扩张的人口、迅速发展的教会和国家、激增的知识，以及各种异端学说的威胁，这些都要求有更多的教师、学者、官僚和传教士，如此一来，古老的主教座堂学校便不堪重负，大学应运而生。

12 世纪上半叶是西方高等教育的英雄时代，在这一时期，学生们自发地聚集在像彼得·阿伯拉尔这样彻底的理性主义大师身边，如果有必要，甚至还会跟随他们从一个城镇前往另一个城镇。大师们传授知识和智慧，有时还会激励学生抱有怀疑主义的态度，但是他们不能授予学位，也不能实际为自己争取法律上的特权，或者在大学所在的城镇与学院之间出现斗争时为自己的学生辩护。学生们不能获得正式的学识证书，也不能有把握地认为教师们不会醉醺醺地来上课，不会走开甚至翘班，学生们在反抗地方侵害和剥削时也不能为自己辩护。换言之，教师和学生还没有组成建制机构。[18]

12 世纪，这两个群体合并成了正式机构，巴黎大学是其中最有影响力的，它在教授大众人文艺术方面术有专攻，该大学所在的城市能为大批学者提供足够的食物、住房、娱乐和派头。到下个世纪中叶，巴黎大学的规模和声望足以确保其自身乃至普遍意义上的大学成为西方文明中一个长久而重要的组成部分。[19]

大约在 1150 年到 1200 年之间，巴黎的教师们以医生、商人和工匠为榜样，建立了自己的行会或法人。为了控制这一新兴机构，城市大教堂的司铎与教师们展开了长期的斗争，最终教师取得了胜利，他们得到了教皇的支持，后者想要借此削弱主教的权威。城市的政府和民众反对教师的特权主张和学生的粗暴行为，甚至为了表明态度，还砸了几个人的脑袋；但大学还是赢了，这一次又得到了卡佩王朝国王们的支持，后者想要培养其首都的繁荣和威望。1231 年，教皇格列高利九世颁布诏书，承认巴黎大学是受教皇保护的法人团体，支持该机构免于地方当局管辖的主张。

　　西方已经发明出了一种经久不衰的机构，其功能就是为职业思想家和求学者提供就业机会。12 世纪，保守的司仪神父们把阿伯拉尔驱逐出了巴黎并禁止其教学，但在 13 世纪，大阿尔伯特（Albert the Great）、托马斯·阿奎那、波拿文都拉，甚至有一段时间还有准异端的布拉班特的西热（Siger of Brabant），作为巴黎大学教师的他们，享有相当的工作保障以及一定程度的思想和言论自由。[20]

　　"纵容"大学得到了回报，教会和政府吸纳了一代代受过良好教育、聪明、思维严谨的主教、行政人员和各类官僚，他们都曾在大学就读并经常在大学任教。[21] 例如，尼刻尔·奥雷姆（Nicole Oresme）和菲利普·德·维特里（Philippe de Vitry）都是巴黎大学培养出来的，都曾担任法兰西国王的顾问，之后分别成了利雪主教和莫城主教，我们此后将会听到更多他们的故事。

　　大学中的哲学教师和神学教师，也就是所谓的经院学者，是中世纪西方最有影响力的知识分子。他们是新模型的其中一些缔造者，如果不能算父母，也能算是祖父母，尽管他们并非有意识的创新者。他们不认为自己必须发明或发现智慧，而只需要重新发现智慧即可。圣波拿文都拉称他们是"各种被认可观点的编纂者和编织者"。[22] 从继承者而非先知的角度会更好地理解他们，所以让我们先来看看他们的过去。

　　他们中世纪早期智识上的先辈们曾致力于抢救学术研究。针对古代遗产，他们构建了各类概要大全和百科全书，根据基督教信仰对他们手头仅有的东西做了改编和简化，而且就像考古学家对陶器碎片进行编目一样，他们通常专注于细节。例如，公元 7 世纪，塞维利亚的圣伊西多尔（St. Isidore of Seville）编写了一部涵盖全部人类知识的百科全书《词源学》(Etymologiae)，这本书曾风靡西欧几个世纪，作者在书中几乎解释了所有重要的事情，但解释的方法是对词源做分析，通常还是错误的分析。[23]

　　将注意力放在汇编、编排和语言本身也是中世纪后期的特色。中世纪早期和后期这两个阶段的学术努力存在差异：前者试图尽可能拯救一个不断萎缩的知识体系，可以说是抓住一根救命稻草，后者则试图理解一个不断扩张的知识体系，这一体系就好像整个干草堆，谷仓已装不下，堆到了打谷场。

经院学者不得不解决一个令人生畏的难题，即如何按照某种体系组织来自历史上异教、伊斯兰教和基督教的大量遗产，在此之后，他们才能有效地面对更棘手的问题，即调和基督教和非基督教思想家之间的矛盾——甚至基督教各个圣徒之间的思想矛盾。如果是乐天的愚昧之人和自信的犬儒主义者，他们就会丢弃那些看起来过多或不合适的部分来解决这两个难题。但是，经院学者即便有些狭隘，却也非常博学，而且极其认真严肃。

最初从古人那里得来的文本，无论是宗教的还是世俗的，其内容都是不加分别地混作一团，没有分出段落和章节，也没有可以依循的分辨方法，就像搁浅的鲸鱼一样难以处理。经院学者发明了章节标题和页眉标题（通常会用首字母大小写和颜色来编码）、交叉引用，甚至还有对被引作者引文的处理方式。1200 年左右，斯蒂芬·兰顿（Stephen Langton，很快就会成为坎特伯雷大主教，在酝酿了《大宪章》的危机中为男爵们和国王约翰提供建议）和同事们为《圣经》设计了章节体系，而在此之前，《圣经》就像无迹可循的森林。[24] 下个世纪，巴黎大学的圣多明我会修士圣谢尔河的休（Hugh of St. Cher）带领一群学者撰写了一部皇皇巨著《校正》（Correctoria），是当时众多参考辅助杰作之一，其中列出了对《圣经》拉丁通行本的不同解读。还有其他类似学者先是为早期教父制作了《圣经》

经文的用语索引、关键词和主题索引，之后又对亚里士多德和其他古代先贤的作品如法炮制。[25] 若在搭建学术框架过程中要使用数字，他们会用全新的印度-阿拉伯数字代替罗马数字，这比大多数商人和银行家还要早。[26]

　　几代经院学者都在为编排大量信息以便于检索所应当遵循的原则而苦恼。他们认为，原则上应当主要考虑各条信息的相对重要性。例如，在馆藏目录中，《圣经》应该排在首位，之后是早期教父们的著作，以此类推，最后是人文学科著作。但是，仅凭威信排序并不总是奏效，尤其是在细节问题上，因此，经院学者们用另一种系统作为补充，这一系统在古代世界和之后偶尔会被使用，但从来不是经常或一直被使用的，那就是按照字母排序。这种排序法和数列一样抽象，它不需要判断所排列事物的相对重要性，因此，有些矛盾的是，它反而是普遍适用的。人们可以用它来组织词典、《圣经》或古希腊人言论的用语索引、图书目录，以及政府文件合集。经院学者向传教士提供的布道材料都是按照字母排序的手册和词典，而在 12 世纪末期，这些传教士就会与异教争夺新兴城市居民的灵魂。从那以后，我们就一直按照字母排序。[27]

　　在经院学者那些零零散散的发明中，最具创新性和最实用的也许就是有逻辑的目录系统。希腊和罗马的文本编排，从来没能让一个新手可以自信地从总体把握开始，到主题、副主题和要点，然后再回过来。经院学者做到了。

他们发明的这一体系，不仅有助于找到一本书中的特定条目，也可以像数学方法那样便利，一步一步跟随论证，有助于清晰地思考。它就像一个有着若干层级的筛子，由粗到细，而我们就将自己混乱的想法倾倒其中。首先被筛掉的是一般主题，我们如今对经院派的这一发明做了一些调整，比如标示为 I、II，等等。接下来选择的是主题，如 A、B，等等；之后是副主题，标示为 1、2，等等；而如果有必要，还会进一步分为 a、b，等等。方济各修士黑尔斯的亚历山大（Alexander of Hales）可能是第一个引入这一体系的人。他把整个内容划分为几个部分（*partes*），之后进一步划分为段（*membra*）和节（*articuli*）。圣托马斯·阿奎那在论证中一贯都能保持条理清晰，他将整个内容分成几个部分，之后再分成问题（*quaestiones*）或异见（*distinctiones*），最后再划分成节。

这些经院学者编排文本的技巧，加上他们一丝不苟的严肃认真，使得他们再也不能委身于蒙昧主义和犬儒主义了。他们完全掌握了自己的文本，知道这些文本会是正确的，也知道它们常常有貌似矛盾之处，并且努力思考如何穿越他们坚持为自己构造的迷宫。当然，他们没有成功，但在此过程中，他们为西方重新发现了逻辑中的严谨和形式表达中的明晰性。他们细致地分析他们的文本，小心翼翼地攀爬从前提到结论的三段论阶梯，并在文章中不断完善合适的工具来表达自己审慎的思考。

圣托马斯·阿奎那是其中最杰出之人，他的方法更加巧妙，也更经济。他的逻辑框架就清楚地呈现在人们面前，等待观察和检验，而他的文章，除非在传统有所要求的地方，也尽可能少地使用头韵、修辞，甚至是隐喻。（他不太可能嫌弃《诗篇》中的诗歌，但他的确批评过柏拉图在语言上的夸张无度。）[29] 他的推理和语言几乎是数学式的：今天，我们的译者有时会用代数字母符号表达阿奎那在 13 世纪用拉丁文写的东西，认为这是表达其文本的最好方式，尽管这些符号到了文艺复兴后期才刚刚出现在数学中。举一个例子来说明他的逻辑和文章，让我们看看他在有关上帝存在的第一种证明方式中写的几句话：

> 同一个事物不可能同时是实际上的 x（拉丁原文写的是 *sit simul*）和潜在的 x，尽管它可以实际上是 x 而潜在上是 y（反之亦然）：实际上热的东西不可能同时是潜在热的，尽管它可能是潜在冷的。因此，一个处于变化之中的事物本身并不能引起同样的变化：它不能改变自己。因此，任何处于变化中的事物都必然被另外的事物所改变。[30]

（当然，这第一动因，在几句话之后，就变成了上帝。）

在我们这个时代，"中世纪"经常是头脑发昏的同义词，但其实更准确地说，它可以用来代表精确的定义和缜密的推理，也就是说，清晰性。托马斯·阿奎那这位圣师是勒内·笛卡尔最推崇之人，[31] 而笛卡尔则是理性主义哲学的真正继承者，以及坐标几何或解析几何的实际发明者。

严谨的组织、逻辑，以及精确的语言，如果将这些运用到极致，就产生了数学。超越圣托马斯的下一步来得没有我们今天想的那么晚，因为除了计数和简单算术之外，数学中的大部分内容仍然是一些言辞表述。然而，这是概念上迈出的一大步，大到经院学者们从未能完成这一步。他们不能或者几乎不能超越 20 世纪学者们所称的"逻辑数学哲学"。经院学者们手里没有加、减、平方根和其他运算符号可用。他们在有关测量什么和如何测量这些最基本的决定事项上也没有优势，尽管这些事项一开始正是他们为我们确定的。例如，在温度问题上，冷和热是两个不同的实体，还是一个实体的不同方面？最重要的是，经院学者更多继承的是像柏拉图和亚里士多德这样的定性圣人，而不是像托勒密这样的定量先贤，他们仍然不擅长或不能轻松地用可测量的量来思考问题。

例如，牛津的理查德·斯温谢德（Richard Swineshead），他的天才之处不在于处理了精确测量的问题，而在于避开了这个难题。他没有测量重量，而是找到了不用测量具体重量而思考重量的方法。他仔细思考了我们会称之为关于重量的思想实验。如果一根杆子垂直下落并穿过宇宙的中心（地球），那么最先穿过的那部分杆子之后就会向上"落"，这就会影响杆子其余仍下落的部分。这根杆子的中点会有与宇宙中心重合的时候吗？这是一个最聪明的逻辑学家都难以回答的问题，该问题已经激发了斯温谢德的诠释者们发展出若干个代数学流派，但这一问题散发的味道闻起来与其说像实验室科学家的本生灯，不如说更像，或者比更像还要像学者的台灯。[32]

即便如此，14 世纪的某些经院学者——斯温谢德和他在牛津默顿学院的修道士同伴，以及最多产的、身在巴黎的尼刻尔·奥雷姆——还是在不涉及测量的数学方面取得了巨大进展。在当时，与其他西方人相比，英国人更成功地利用代数来思考亚里士多德所说的速度、温度等诸种属性。奥雷姆更进一步，将诸种属性都用几何图形表现出来，甚至是速度中最令人费解的加速度。他创造了相当于坐标图的东西（很像乐谱；参见第八章），其中，时间的推移用一条横线表示，而一种属性的变化强度则用不同高度的垂直线表示。最终得到的是一个优雅而纯粹的抽象表达，一个对随时间变化的物理现象的几何描述[33]（图 3）。

尽管这些成就令人印象深刻，但人们也一次又一次地对实际测量的缺失感到惊讶。这些人没有注意或者有意忽略了托勒密、欧几里得和其他经典定量研究者译著中有关计量的部分。就像亚里士多德一样，经院哲学家们虽然也会思考事物之间的多与少，但不是用英寸、弧度、热度和每小时公里数这些多种多样的特定量来思考的。颇为矛盾

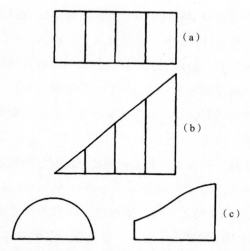

图 3　对各种运动的奥雷姆式表达：（a）匀速运动；（b）匀加速运动；（c）变速运动。图片来源：David C. Lindberg, *The Beginnings of Western Science* (Chicago: University of Chicago Press, 1992), 299。

的是，经院哲学家是数学家，却不是定量研究者。[34]

　　但也有例外，其中最著名的就是罗杰·培根。13 世纪末，他称数学是知识的"大门和钥匙"，这是圣人们在世界之初就发现的。他说，无论是在天文、气象、地理和这个世界的其他方面，还是在哲学和哲学以外的学科，乃至在神学中，数学都是我们可靠的向导。[35] 他有时会实际测量一些事物，比如，他测出彩虹的弧形与太阳照射在测量者背部的光线之间的夹角为 42°。然而，对这一实用计量学冒险之举的影响（或其影响的缺乏），你我都会觉得很奇怪。中世纪光学领域的其他研究者很少注意到培根的测量成果，弗莱贝格的狄奥多里克（Theodoric of Freiberg）是这些研究者中最成功的一位，他似乎在有关彩虹的论文中把这个角度减少了一半。这是他的错误还是抄写员的错误？更重要的是，在几百年的时间里，这个错误似乎没有引发任何人的质疑。[36]

量化趋势的另一个源头——比经院哲学家超越言辞描述的努力更为重要——是不是一切罪恶的源头尚不清楚，但它肯定是现代文明的主要根源。许多关注定量属性的经院哲学家，如罗杰·培根、萨克森的阿尔伯特（Albert of Saxony）、瓦尔特·鲍利（Walter Burley）、黑森的亨利（Henry of Hesse）、里米尼的格列高利（Gregory of Rimini）和让·布里丹（Jean Buridan）等，也写过有关金钱的作品。[37] 奥雷姆就此主题写过一篇完整的论文，聚焦于通货膨胀如何神奇地让多变少。是的，他说，降低金属货币的质量，便可以制造更多的钱币，但那是价值更低的钱币，而这最终会导致社会贫困。他曾试图劝阻法兰西的诸位国王不要实行这一做法，但徒劳无功。[38]

金钱的力量和普遍性仅次于上帝。圣托马斯·阿奎那承认金钱的力量：

> 的确，金钱从属于作为其目的的其他事物；然而，就借助其力量可以有效追求所有物质财富这方面来

说，它在某种程度上也包含了所有的物质财富……这就是它与至福有某种相似之处的原因。[39]

罗马帝国是靠金钱运作的，但西方最初并非如此，那时几乎没什么贸易可言，有也大多是物物交换。除了自身金属的价值外，货币基本没什么抽象价值。持有铸币的权势之人把货币送给追随者以培养他们的忠诚，或者将其散给穷人；利穆赞地区（Limousin）的一位贵族甚至会在一块土地上撒几块银子，以提高自己的威望。把金属货币熔了，重新铸成盘子、王冠、十字架和圣杯，或者将货币与死人一起埋葬，都是很平常的事。[40] 由于缺乏贸易活动，货币停止流通，由于缺乏通货，商业活动停滞不前，因而，金钱几乎没教会人们量化的好处。

但随着时间的推移，趁着穆斯林和维京人要么留在家里没有入侵过来，要么已经定居下来，封建领主建立了某种法律和秩序，而农业生产力也在不断提高。新技术和新设备出现了——一种能让马匹用肩膀而不是脖子拉车的马具；能轻松穿过欧洲大西洋海岸粘性土壤的重型犁；以及其他一系列各自看都很小但合在一起却威力巨大的改进。[41]

供给增加了，商业和城镇复苏了，贪婪之人一看到钱就两眼放光。货币从秘窖中起身并从海外渗入。公元900年，英格兰只有10间铸币厂，而到了公元1000年就有了70间。

先是城市，之后是国家，开始发行货币，而西方的货币取代非西方的货币，成为最普遍的通货。[42]

西方人发现自己正在不知不觉地走入货币经济，在此过程中，他们生活中的每件物品都能以单一标准来衡量。"每一件可销售的物品也都是经过测量的物品。"14 世纪默顿学院的瓦尔特·鲍利如是说。[43] 小麦、大麦、燕麦、黑麦、苹果、香料、羊毛、绸缎、雕刻品和绘画都有了价格；而这相对来说容易理解，因为这些东西可以用来吃和穿，或能被摸到和用肉眼观察到。比较难理解的是，金钱替代了很久以前依习惯确立的服务和劳役。当时间被证明也有价格时——也就是说，按月和年计算债务利息时——思想和道德意识也有了负担，因为时间本是上帝独有的财产。[44] 如果时间有价格，如果时间是一种可以有数值的事物，那么其他不可分割的不可测量之物呢，比如热、速度或者爱？

价格量化了一切。卖方为他或她必须出售的东西设定了一个价格，因为其需要和想要的一切最后也都必须付钱获得。1308 年，教皇克雷芒五世宣布，赦免一年罪过的代价是向讨伐穆斯林的正当事业捐献一笔款额，用图尔货币（Tours）。[45] 两个世纪后，克里斯托弗·哥伦布欢欣鼓舞地说："啊，最棒的金币！谁有了金币，谁就有了一笔财富，他可以用金币得到他想要的，对这个世界施加自己的意志，甚至还能帮助灵魂升上天堂。"[46]

意大利北部的几个城市铸造了第一批在很长时间内都

广泛流通的西方金币,热那亚的热那维诺(genovino)和佛罗伦萨的弗罗林(florin),这两种货币都出现在 1252 年,而威尼斯的达克特币(ducat)诞生于 1284 年。[47] 当时人们认为,这些硬币的价值不仅是金属本身的价值,还有发行这些货币的政府宣称它们具有的价值。其中一些货币在相当长的一段时间内都在市场上保持了这种价值:一种新的、抽象的价值衡量手段出现在了欧洲。当热那维诺、弗罗林和达克特这些货币的价值动摇之时,当一项交易因为支付货币的价值多于或少于价格标称所应提供货币数量的价值而无法完成时,或者当货币价值涨跌太快以至于无人确切地知道其相对价值时——即当一切都在变化,但又必须提供和支付账单时,西方人又向抽象迈出了一个大步。他们前所未有地扩展了"记账货币"这一颇为有用的虚构之物,这是一个理想化的衡量尺度,借助这一尺度,人们可以在一段时间内在各种信誉良好货币的价值之间设置固定的兑换比率。这种货币系统非常抽象,甚至在有些货币已经退出流通后,它仍在继续发挥作用。[48]

西方商人对价值尺度的这种抽象让人想起柏拉图的一些空想,但这是那些依靠收支平衡谋生之人精明实践的产物。记账货币就像街头音乐家发明的时间测量系统一样,既有用又奇怪:每一拍是同质的,彼此等同,尽管有的拍子出声,有的休止。在令人头晕目眩的货币经济旋涡中,西方有了量化的习惯。

几千年来，西欧的经济并不是第一个被货币化的：那么，为何这次改变会在西方产生如此与众不同甚至独一无二的影响呢？长期的货币短缺肯定是原因之一。西欧没有大量容易开采的金银矿藏，因此，当陷入货币经济时，它自身就没有足够的贵金属使其经济有效运转。西方一直饱受国际收支问题的困扰，直到 16 世纪某个时候才出现转机。铸币从北欧流向地中海的各个港口，之后再从那里流向东方的贸易伙伴。1420 年代，威尼斯每年仅向叙利亚就出口了大约 5 万达克特币。黄金东流如此稳定而持久，西班牙人甚至为此起了一个特别的名字——"黄金大逃离"（evacuación de oro）。

欧洲从自己的矿山中尽可能地开采黄金，从遥远的热带非洲进口黄金，而且在其制造业复苏后，只要有可能，就会销售货物以换回黄金，但贵金属总是流向东方。因此，受尊敬的商人和像佛罗伦萨公社这样信誉良好的机构的长期贷款利率高达 15%，而对国王和王公，利率更是高达 30%。各个政府都曾颁布法令限制最高利率，整个 13 世纪的热那亚利率不得超过 15%，1311 年的法兰西是 20%，这表明实际利率往往更高。[49]

西方人痴迷于他们无法把握的东西，即金钱。马可·波罗滔滔不绝地吹嘘东方的部分地区有丰富的黄金。哥伦布一心要在他的新世界里找到那些黄金。阿兹特克人说，科尔特斯和他带着的那帮西班牙人"像贪吃的猪一样"渴望得到黄金。[50] 地球上没有人比西方人更关心货币，更为货币的重量和纯度而忧虑，在货币兑换和用其他纸张代表货币方面花更多的心思——地球上没有人比西方人更痴迷于算啊、算啊、算啊的了。

第四章

时间

> 塔钟——它不仅让我们看到时间，而且它的钟声也在报时，无论是远处的还是待在家中的人，都能听到。因此，从某种意义上说，它似乎是有生命的，因为它自主地运动，并为了人类日夜工作，没有什么比这更有用或更令人愉快的了。
>
> 乔瓦尼·托尔泰利（1471）[1]

时间让圣奥古斯丁感到困惑："没有人问我，我倒清楚，有人问我，我想说明，便茫然不解了。"[2] 测量通常是针对某些本身很独特的事物，比如一百米的道路、牧场或湖泊，但是一百个小时，无论是悲是喜，都是一百个小时的……时间。

时间没有实体，不光圣奥古斯丁难以理解它，我们也是一样，但正因如此，人类便可将自己的片面理解强加在时间上。在测量时间的过程中，西欧人会在实用计量学方面迈出一大步并不奇怪。同样不奇怪的是，他们的这一大步出现在测量"小时"方面，而不是历法改革上。"小时"不受自然事件的制约，而是人为规定的持续时间，容易受到人为定义的影响。相比之下，"天"（day）则以黑暗和光明为其边界，此外，历法还是几千年文明的产物，受制于习俗和神圣不可侵犯的属性而难以改变。

举例来说：1519 年，在尤卡坦半岛的玛雅人中间被困多年之后，热罗尼莫·德·阿吉拉尔（Jerónimo de Aguilar）终于见到了一些基督徒，当时，他的第一个问题就是今天礼拜几。当救援人员说是礼拜三时，他哭了起来，因为回答和他想的一样，这证明他尽管与外界隔离，但仍能知道现在是一周中的哪一天。他之所以如此激动，并不是因为他知道根据星象来看他用的历法是正确的，而是因为他在那些不信神的人中间还能坚持做祷告的时间表。[3] 这位历法的守护者，是他那个时代和时代之人的典型代表，他感兴趣的不是准确性本身，而是传统和得救的可能性。

对农民来说，日程安排只是粗略的：天气、黎明和日落决定了他们的行动节奏。但对城市居民来说，"小时"具有核心重要性，他们的买卖活动已经开始有了量化的风尚。他们的时间当时就已经是本杰明·富兰克林后来所说的金钱了，而这些城市居民早已预示了富兰克林这类人的出现。

1314 年，卡昂城在一座桥上建了一座时钟并在其上题词:"我让时间发声 / 以使平民欢欣。"[4](请记住,那时所说的平民包含除了贵族和教会成员外的所有人。)15 世纪,一份请求为里昂市民建造一座城市时钟的请愿书宣称:"如果建了这样的一座钟,那就会有更多商人来到市集,市民们会感到安慰、振奋和愉悦,生活也会更加有序,市镇也会有一处风景。"[5]

英语中的 clock 一词与法语中的 cloche、德语中的 Glocke 有关,都是"钟"(bell)的意思。在中世纪和文艺复兴时期,城市生活的节奏是由钟声支配的——就连不守时的拉伯雷也说:"没有钟的城市就像没有手杖的盲人。"[6]但是,在第二个千年开始时,钟声响起的具体小时时间是根据宗教规定确定的,也是不精确的,而且每天的敲钟次数也太少,无法为城市日常生活提供合适的节奏。

这些市民了解时钟在实际生活中的价值,也对量化思维和大型机械很熟悉,但这并不一定意味着是他们发明了机械时钟。如果历史是合乎逻辑的,那么发明机械时钟的应该会是一名占星家或一位修道士,因为在中世纪的欧洲社会,他们各自所属的群体都试图在夜间这个难以判断时间的时候,也按照时间表行动,无论阴晴。例如,占星家必须在国王、教皇和富有的恩主出生、死亡、打仗的时候,确定行星之间的相对位置。修道士必须在夜间起床,在适当的时间点诵读合适的祷词。新的一天要从晨祷开始,但这并不容易——圣本笃会规规定:"谁若在第九十四篇圣咏的光荣颂后才赶到做晨祷（正因如此，我们才愿把圣咏缓慢地拖长声音念），他将不得站在唱歌班的本席位，而该站在末位，或站在院长特为此疏忽之辈所指定的地点，让院长及众人都能看见。"[7]

早期的机械钟都非常巨大和昂贵，我不认为是哪个占星家或天文学家建造了最早的时钟，尽管如果有某位公爵或主教的赞助，可能会有类似的奇才。我猜最早建造时钟的可能是个修道士，是一个庞大而富有的组织的成员。如果历史合乎逻辑，他应该是技术先进的熙笃会[*]的修道士，该修会的院长确信恩典与效率有某种关联，因此，也就与水磨和风车、齿轮和机轮有关。[8]

从逻辑上讲，我们可以进一步推测这项发明是在北方完成的。在那里，白昼时长的季节性变化和小时时长的不规则程度比欧洲地中海地区更大，而且水钟里的水也更容易结冰。法兰西北部，这个哥特建筑和复调音乐的故乡似乎是一个合理的选项，在那里，创新在 13 世纪开始突飞猛进。

逻辑推理也就到此为止了，而历史经常忽略逻辑。我们不知道是谁建造了我们这种机械时钟的欧洲原型，也不知道是在哪里建造的，也许永远也不会知道。至于什么时

---

[*] 熙笃会喜欢把修道院建在贫瘠之地，然后将其开发成良田，所以该会修士也是农业专家。

候建造的，应该是在 13 世纪的最后几十年，就在眼镜发明前后不久（这绝非巧合：西方就是从那时开始了为人类感官设计技术辅助设施的长期狂热）。[9] 我们不能确定具体的年份，但很可能是在 1270 年代。开始时，罗伯图斯·安格利库斯（Robertus Anglicus）讲到过试图制造转轮的例子，这个轮子每 24 小时会转一圈。同一时代，在西班牙阿方索十世的宫廷里，有人绘制了一架重力驱动的时钟，其由水银流量调节，水银会从空心齿轮的一个齿槽流向另一个齿槽。[10] 大约在当时或此后不久，诗人让·德·默恩在《玫瑰传奇》这部他与人合作的作品中描写了一位皮格马利翁式的人物，一个相当出色的机械工，而这本书也是那个时代的"畅销书"。这位"皮格马利翁"发明了好几种乐器，例如，一种小型风琴，他会在"唱经文歌、第三声部或固定声部"时为其泵气并演奏，他还发明了几架时钟，这些时钟"借助精致设计的齿轮而永不停息地转动"。[11] 即使这位诗人没有见过时钟，那他也一定听说过。

公元 1300 年以后，毫无疑问，机械时钟已经实实在在地出现了，因为当时提及时间测量机械的次数激增。[12] 但丁在写于 1320 年左右的《神曲·天堂篇》的第二十四歌中，使用减速齿轮来隐喻那些喜悦的灵魂，它们在狂喜中旋转：

正如一架时钟中的各个齿轮都同步运转那样 / 最

里面的齿轮，如果仔细看 / 似乎静止不动，而最外侧的齿轮则转得飞快。[13]

1335 年，加尔瓦诺·德拉菲亚马（Galvano della Fiamma）描绘了米兰圣母玛利亚礼拜堂中的一座"美妙的时钟"，有一个小锤子，夜以继日地报响 24 个小时。

夜晚的第一个小时，它敲了一下，第二个小时，它敲了两下，第三个小时，敲了三下，以此类推；如此一来，就能知道不同时候的敲击具体指的是几点，而这对人的所有生活和工作来说是最必要的。[14]

这些时钟只有钟声，没有表盘和指针，尽管如此，西欧已经进入了量化时间的时代，或许已经走得足够远，以至于无法再走回头路了。

大多数发明都是对以前装置的改进或改造，但是机械时钟，就其关键装置来看，是真正的原创发明。对大多数人来说，时间似乎就像无法分割的流体。因此，实验者和工匠们花费了几个世纪的时间，试图以模仿其流动的方式来测量它，也就是说，模仿水流、沙流、水银流、碎陶粉末流，或者蜡烛在无风状态中缓慢而稳定燃烧的过程。但是，从来没有人设计出一种实用的方法，可以用上述手段测量长时段的时间。运动中的物质会结霜、会被冻住，也会蒸发、凝结，而蜡烛也不受控制，要么烧得太快，要么太慢，有时还会渐渐熄灭——总之，都会出问题。

当人不再把时间看作一个流畅的连续体，而是开始把它看作由一连串单位量组成的连续不断的事物，这个问题才可能得到解决。圣奥古斯丁提出，比如，人们可以将一个长音节量度为一个短音节的二倍："但如果两个音节一前一后发声，第一个短而第二个长，那我该如何把握那个短音节的长度呢？"[15] 从技术上说（而不是从哲学上说），答案就是擒纵器。如此一来，短音节的长度就是"嘀"和"嗒"之间持续的时长。

罗伯图斯·安格利库斯曾描述过一个时间测量装置，其由一个重锤（weight）驱动，重锤由一根绳子吊着，而绳子另一头则缠绕在一个圆柱筒上，而那个时候，西欧到处都是磨粉机、杠杆、滑轮和齿轮，肯定有不少原初的机械师都想到了利用类似技术测量时间。难题在于如何保证罗伯图斯那台机器里的重锤不会突然下落或滞后下落，以及能够坚持规律地运动。重锤下降的速度可以很容易地减慢，但如何才能保证它的运行能使圆筒平稳转动呢？人们怎么能保证这样测量下来的第一个小时和最后一个小时，它们的持续时长是相同的呢？

答案就在我们所说的擒纵器之中。这个"简单的"摆动装置会有规律地打断钟表重锤的下降运动，每天重复成千上万次，如此便保证了重锤的能量可以被均匀地消耗。[16] 擒纵器并没有帮我们解开时间的谜团，但它的确驯服了时间。

西方人并不是第一个发明了机械钟表的。早在公元 10 世纪，中国人就有了好几个巨大的钟表。事实上，可以想象，这些消息启发了西方第一批钟表的发明。[17] 无论事实如何，毫无疑问的是，西方之独一无二，在于其对时钟的热情（我们稍后会讨论这一点）以及从不均等小时到均等小时的疾速转变。据我们所知，从一开始，西方的机械时钟就以均等小时（equal hours）来衡量时间，无论冬夏。这并非因为人们无法制造一种会随着季节变换小时长度的钟：机械时钟从欧洲传入日本后，日本人就开始这样做了。[18] 那是几个世纪以后的事了，而中世纪的技术可能无法胜任这样的任务。即便如此，有趣的是，现有记录都没有提到这样的尝试。也许早期的资本家希望每个小时的长度是均等的，这样他们就能在冬天最阴沉和最短暂的日子里压榨工人整整一个小时的劳动。也许西方人当时已经开始认为时间是同质的，就像 13 世纪的复调音乐暗示的那样。

尽管如此，早在 1330 年的德意志和 1370 年的英格兰，均等小时就开始普遍取代不均等小时了。法兰西国王查理五世在当政后期就颁布法令，规定巴黎的所有时钟都应该与他安装在斯德岛宫殿里的时钟同步计时。（钟塔码头现在还有一座时钟在那里。）专研百年战争史的历史学家傅华萨（Jean Froissart）在撰写其著作《编年史》的中途——

猜测很可能是在 1380 年代——抛弃了之前使用的祷告时间，转而使用新的时钟时间。[19]

A. J. 古列维奇说："正是在欧洲城市，时间，在历史中首次被'分离出去'，成了一种纯粹的形式，处于生活之外。"[20] 时间，虽然无形无相，却被束缚着。

时钟带来的影响是多方面的，也是异常巨大的。时钟是一种复杂的机器，它的建造和维护都需要优秀的机械师和精于实践的数学家发挥本领。为了证明这一点，我要向各位介绍沃灵福德的理查德（Richard of Wallingford），他于 1326 年到 1336 年任圣奥尔本斯的修道院院长，为他的修道院建造了一座塔钟，还写了一篇有关时钟制作的论文。与其说他是个修士，不如说他是个机械师，他必定切割过、锉过、调整过、紧固过又检验过许多小块金属，而且出于必要，他还会用数字说话：

> 白天工作的重锤齿轮有 72 个齿。齿轮的中心与基座之间距离 13 个齿，是一个距离整个设备中心线 6 个齿的弦，轴榫上的主轴是长度为 15 齿的弦。[21]

这位有量化思维的修道院院长是希腊化历史的幽灵，或者，更有可能是未来的幽灵。

时钟为西方人提供了一种新的想象方式——一种元想象方式。罗马诗人卢克莱修早在公元 1 世纪就创造了世界机器（*machina mundi*）的形象，从那以后，其他人就时不时地使用这一概念，而现在许多人说已经是西方文明主导隐喻的"机械宇宙"这一概念，却直到 14 世纪才出现。奥雷姆在其理论和技术中，都预言了 16 世纪和 17 世纪那些伟大的天文学家，尤其是在他提及上帝的时候，他说上帝创造了诸天，所以它们才能运行得"如此平静、如此和谐……这情形很像是一个正在制作时钟的人，他让钟表跑起来并让它靠自己持续运动"。[22] 三个世纪后，当约翰内斯·开普勒试图解释这个指引了他那些惊人推测的想法时，他写道：

> 我旨在告诉诸位，那天体机器不是什么神圣的、有生命的存在，而是类似一架时钟（而且他认为时钟有灵魂，并将制作者的荣耀归于作品），之所以这么说，是因为几乎所有的各类繁杂的运动，都由一个最简单的、富于吸引力的物质力量所引发，正如一台时钟的所有运动都由一个简单的重锤引发一样。[23]

奥雷姆的隐喻指导了那些经典物理学创立者的思想，而且有人可能会说，其对古典经济学和马克思主义也产生了同样重要的影响。

关于那些天才的故事就说这么多；其他人的情形又如何呢？他们在量化时间方面做出的最终选择，就像对所有事情的最终选择一样，将是决定性的。对于人口占大多数的农民，我们几乎不知道他们是怎么看待时钟的，但是可以确定的是，城市居民对时间机器是非常敬重的。每个大城市和许多较小的城市都会主动承担重税，就为了至少能有一座时钟，在刚有时钟的头一个世纪左右，这些时钟都很巨大，通常安置在塔楼里，而且都非常昂贵。也许在 17 世纪以前的整个技术史上，没有哪种复杂的机器像时钟那样传播得如此之快。

傅华萨也迷上了这种新机器，对研究中世纪欧洲的社会历史学家来说，这位品位一般却很多产的作家相比于其他任何天才都更有价值。他的诗歌《含情脉脉的钟》（"L'Horloge amoureuse"），就将时钟描绘成恋人的心。诗中那位心之所爱的女士，其美貌激励着她的恋人，就像重锤驱动着时钟。他的欲望如果没有忧惧的束缚，就会失去控制，就像擒纵器会控制重锤的下落一样。傅华萨在这个新的时间机器装置中，为爱情国度中所有拟人化的居民——忠诚、耐心、荣誉、礼貌、勇敢、谦卑、青春——都找到了合适的意象。[24] 这首诗本身就相当于一首送给时钟的情歌，因为即使没有太阳，时钟也会报时：

> 因此我们认为他勇敢又聪慧／第一个发明了这个装置的人／运用他的知识，他着手制作出／一件如此高贵而宝贵的东西。[25]

　　一些堪称壮观的时钟是由擒纵器发明后的头几代人制造出来的。著名的斯特拉斯堡时钟，始建于 1352 年，完工于两年后，它可以报时，还有一个自动星盘、一部万年历、一台可以演奏赞美诗的钟琴、圣母怀抱圣婴以及东方三博士来拜的雕像、一只会啼叫并能扇动翅膀的机械公鸡，以及一块显示黄道十二宫与身体各部分对应关系的石板，用以指示放血的正确时间。[26] 说这座城市的时钟除了报时外没有其他作用，就像是说这座城市主教堂的彩色玻璃窗除了让光照进来外什么都不做一样。

　　几代人以来，市镇的时钟，这一复杂的机械装置，每天都有成千上万的人看到，每日每夜都要一遍遍地听到它的声音。它教会了人们：那看不见、听不见，似乎永不停歇的时间，是由单位量组成的。如同金钱一样，时钟教会人们量化。

　　现代风格的严格的工业化时间，早在 14 世纪上半叶就出现了。例如，1335 年 4 月 24 日，腓力六世授权亚眠的市长和市政官员以钟声来颁布命令和实行管理，包括在早上的什么时候城市的工人应该去工作，什么时候他们应该吃饭并在吃完后继续工作，以及什么时候应该下工。[27]两百年后，当拉伯雷笔下的庞大固埃宣称"没有什么钟会比胃计时更准确"[28]时，他是在量化的城市荒野中呐喊。

　　伊维塔·泽鲁巴维尔的一句话特别精当，他写道："历法是社会这张布的经线，通过时间沿着纵向运行，并承载和保护着纬线，也就是人们之间的关系结构以及我们称之为制度的东西。"[29] 尽管如此，西欧人改革历法的速度慢于建造和遵守时钟的速度这件事其实不足为奇。事实上，他们做了这件事比他们一直拖着没做更令人惊讶。

路德宗的改革者菲利普·梅兰希通曾提到一名"博士"（大学学位的持有者），这名"博士"说没必要对一年的时间做精细划分，因为"农民完全知道什么时候是白天，什么时候是黑夜，什么时候是冬天，什么时候是夏天"。许多人可能会同意他的说法，但是博学而虔诚的梅兰希通宣称，应该有人在前面说的这位博士的帽子里"拉一坨屎"，"然后再戴回他头上"。这位新教神学家宣称（天主教徒热罗尼莫·德·阿吉拉尔对此也会表示赞同）："这是上帝赐予的伟大礼物之一……人人都能把教历上每一天对应的字母挂在墙上。"[30]

上帝以基督道成肉身的方式进入时间，这就圣化了某些日期，特别是复活节。尼西亚会议已经宣布，复活节的日期应当是春分后紧接着第一个满月的第一个礼拜天。[31]这个日期不是很好算，但也没难到算不出来——如果你知道哪天是春分的话。但是正如我们在第二章中提到的，儒略历的制定者们误判了太阳年的长度，这一错误导致闰年有点儿多，而且使得春分日在日历上的日期偏离了实际的天文学事件而更接近夏天。这意味着人们会在错误的礼拜天庆祝复活节，这对于一丝不苟的虔诚教徒来说是无法忍受的。基督教的天文学家和数学家——罗杰·培根、库萨的尼古拉、雷戈蒙塔努斯、约翰内斯·舍纳（Johannes Schöner）、米德尔贝格的保罗（Paul of Middelburg），以及哥白尼——无论何时被问及，都会指出历法不靠谱的问题。到 1582 年，儒略历和实际的太阳时间事实上相差了 11 天。

那一年，教皇格列高利十三世召集了一场罗马天主教专家会议来改革历法。他们辩论、沉思，并向教皇提交了一份修订版的儒略历，而这版日历此后一直被称为格列高利历。根据专家们的建议，教皇宣布，1582 年 10 月 4 日星期四之后的那一天确定为 1582 年 10 月 15 日星期五。至于抽象的日历年一年的全部天数与实际的太阳年一年三百六十五天多一点儿的天数之间的差异，格列高利的改革保留了儒略历系统每四年多出的一天，但有一个小却重要的修正：只有当纪年数能被 400 整除时（如 1600 年和 2000 年），这一年才是闰年。[32]

许多人对这次改革感到不满。天主教徒蒙田就曾抱怨道："我认了，但是我的思想总是超前或落后十天，它总是在我耳边嘀咕：'这次调整关系到那些尚未出世之人。'"[33] 东正教和新教的基督徒仍像坚守真十字架那样坚持使用儒略历，而且在许多情况下，他们一直如此，坚持了几个世纪。伏尔泰曾写道："英国的普罗大众坚持使用他们自己的历法，宁愿与太阳唱反调，也不愿与教皇一致。"[34] 专家，无论是真的还是自诩的，他们围绕着格列高利历发表了大量的论文。加尔文主义者约瑟夫·尤斯图·斯卡利杰尔认为，因为不想制订一个好日历，所以用这个新日历来搪塞，十分蹩脚，他还称新历法的主要捍卫者耶稣会信徒克里斯托弗·克拉维乌斯（Christoph Clavius）是一个"德意志的大肚子"。克拉维乌斯用《格列高利历补充释义》（*Romani calendarii a Gregorio XIII P. M. restituti explicatio*）这一长达八百页的著作堵住了所有人的批评之声。

斯卡利杰尔和克拉维乌斯作古之后很久，论战仍在继续，而格列高利历最终胜出。它之所以获胜不是因为它完美，而是因为它实用：在长达两千多年的时间里，它都能将太阳年的所有天数囊括在内。约翰内斯·开普勒是数学家、天文学家，也是新教徒，他发现改革后的历法对确定阴历月——这是确立教会历法的基础——来说不甚完美，却可以接受："复活节是一个宗教节日，而不是一颗行星。"[35]

正如我之前所说，比起迟来以及经常不被接受，格列高利改革能够完成本身更令人惊讶。如果儒略历从来没有被调整和修正过，我们今天与太阳年只会相差两周左右，这还不足以改变农民和渔民这类人的生活。和现在一样，当时穆斯林使用的一种太阴历，就很好地解决了问题，这种太阴历把宗教节日指定在太阳年的日子里，除了细心的天文学家，这种做法对任何人来说都是轻率的放纵。神圣的斋月（Ramadan）每隔 32.5 年就会从太阳历的尾转到头。

历法的混乱似乎并没有扰乱安拉的实际崇拜者。出于某种原因，存在一些平信徒的历法，它们是为那些需要太阳日的人准备的。[36]

但四百年前在确定复活节日期方面的小小混乱引发了西方的一场重大改革，在西方，上帝进入时间使得基督教编年史家再也不能安心，而罗马的蛮族继任者后裔仍然对他们中东宗教的旧观念感觉不适。

从历法上说，格列高利改革对历法的重新校准是一个巨大的改进，但还不足以令那些真正教条的量化思维者（quantifiers）满意，比起任何其他社会，西方这类人都要更多，对于将数学应用于实际的年代学家来说，他们不仅狂热而且热衷于此。16世纪另一个历法改革的例子就是所谓的儒略周期（Julian period），它尽管更接近完美，但对于通常使用来说，却惊人地不实用。

约瑟夫·尤斯图·斯卡利杰尔，之前我们提到的天主教新历法的批评者，他是群星闪耀时代的一位不朽学者：同时代的人称他是"科学的海洋"，"学识深不见底"。[37]他的勤勉和专注力近乎超人。1572年圣巴托洛缪大屠杀那天他在巴黎，但据他自己描述，他太过专注地学习希伯来语，甚至几乎没察觉到对教友的屠杀行动，一段时间都没注意到"兵戎相见……孩子们痛苦的呻吟……嚎啕大哭的女人，[或者还有]大声叫喊的男人"。[38]

他父亲是16世纪中叶最杰出的学者之一，年轻时，他便耳濡目染，掌握了多种语言——最终学会了大约十几种——并通过编辑卡图卢斯、提布卢斯、普洛柯比乌斯的作品来磨练自己的本领。他成了他那个时代最伟大的语文学家和古典文献学者，后来，他将自己那高度的注意力转向了年代学（chronologia，和 America 一样，这个词也是为回应新需求而创造的术语）。[39] 他瞧不上之前和当时的年代学家，说"他们好像全都发誓永远不说真话"，并在他的皇皇巨著《时间校正篇》（De emendatione temporum，1583）中为他们的遗毒提供了解药，这本书将年代学从伪科学变成了一门真正的科学。[40]

斯卡利杰尔收集了最古老和最好的年代学经典，还有所有能找到的历法，合计超过 50 种，不管它们起源为何，也不论是基督教、伊斯兰教或者其他什么宗教的。虽然是个虔诚的基督徒，但他并不特别相信《圣经》，还宣称真理是神圣的，哪怕出自不信教者之口。他想要做的不是发现历史上的神圣秩序，而是要努力使历法变得精确无误，并找到各个重要的日期测定系统之间的关联。[41]

他创造了他所谓的儒略周期（以恺撒命名），作为一种新的时间体系的基础。他将人们熟悉的三个年代周期相乘得出了这一周期，分别是 28 年的太阳周期、19 年的月亮周期，以及过去罗马人为征税而设计的 15 年周期。这三个周期年数相乘得到的乘积就是 7980 年，这就是所谓的儒略周期。所有这三个周期会在这一完全抽象的发明开始之时一起启动；直到这一周期结束时，它们才会再次如此同步。以这三个周期中任何一个所确定的任意事件的日期，都能对应一个儒略周期的日期，而这一日期还可转换为另外两个周期中的一个特定日期。希伯来的、基督教的、罗马的、希腊的、阿拉伯的，以及其他的年表就都相互关联起来了。[42]

　　经过研究和进一步推算，斯卡利杰尔断定，基督诞生于儒略周期内的第 4713 年。我们可以说，这个周期开始于公元前 4713 年。它还有大约 1700 年要走。当然，这个周期甚至开始于最早的犹太—基督教所确定的创世日之前，这让经律主义者（literalists）感到不安，但斯卡利杰尔寻求的是一种数学意义上的方便性，而不是创世的神运行在水面上的确切日期。他想要的是一个足够长的周期，以便在一个系统中纳入一切有记录的事件，在这个系统中，前述三个周期可以精确地相互关联。[43]

　　《时间校正篇》是年代学的一部杰作，也许是所有年代学著作中最伟大的一部，但它从未被广泛阅读。这本书对读者来说很难理解，而且儒略周期对于非数学家来说也太过烦琐和陌生。之后，当古埃及事件的一些日期据说出现在公元前 4713 年之前时，斯卡利杰尔不得不在他的儒略周期之前加一个周期，这就使他的体系失去了本来的整洁性，而这正是儒略周期最重要的优点之一。17 世纪，耶稣会士狄奥尼修斯·佩塔维乌斯（Dionysius Petavius）最后完善了我们现在使用的公元／公元前系统，他消解了起始日期，从而解决了要去选择一个起始日期的难题，此后，一种令人满意的年代测定方法才得以推广。[41]

但是斯卡利杰尔的系统并没有被丢进垃圾箱。天文学家采纳了这一系统，他们被那些常用历法的复杂性弄得心烦意乱，这些历法的一周都有七天，而这与其他任何事物都无法协调，并且十二个月的长短也不一。想象一下，从1835年11月16日哈雷彗星掠过太阳，到1910年4月20日再次出现这一现象，要说出这中间经过的确切天数有多么困难。如果使用儒略周期中唯一的单位量，也就是所谓的平均太阳日（儒略日），那么天文学家就可以说，19世纪哈雷彗星两次造访太阳之间正好有27,183个儒略日。[45]

对时间精确度的痴迷也有代价，那就是焦虑。14世纪的著作《农夫皮尔斯》（*Piers the Ploughman*）中有一位智者，他宣称"在地球上的所有事物中，真的没有什么比浪费时间更让天堂里的人痛恨的了"。[46] 生活于文艺复兴早期的莱昂·巴蒂斯塔·阿尔伯蒂（Leon Batista Alberti，我们在第九章还会讲到他）曾说："我逃避睡眠和懒惰，我总是在一些事情上忙碌。"早晨起床后，他会就一天所要做的事项列一个清单，并分配好做每件事的时间[47]（这可比本杰明·富兰克林要早三百年）。

彼特拉克以一种非常不传统的方式严格地关注时间。因此，我们知道他出生于1304年7月20日周一的黎明时分，知道他与劳拉相爱是在 1327 年 4 月 6 日，而劳拉死于 1348 年 4 月 6 日，他本人死于 1374 年 7 月 19 日。[48] 我们知道，时间从来没从他的指尖溜走，"倒不如说时间是从我身上扯走的。甚至当我卷入了一些事务或享受愉悦之时，我仍然会想，'唉，这一天已不可挽回地过去了'"。[49]

他告诫读者摒弃旧有的观念，不要认为自己的生活就是"一艘随波逐流、随风而走的船"。他坚持说，事实并非如此，相反：

> 生活在稳速前进，既没有回头路可走，中间也不会稍作停留。我们勇往直前，无论狂风暴雨。无论这一路是容易还是艰辛，是短还是长，贯穿始终的都是一个恒定的速度。[50]

三个世纪后，这种抛却绝望的时间观，成了经典物理学的时间观。1687 年，牛顿将会这样定义这种时间："绝对的、真实的数学时间，就其自身及其本质而言，是永远均匀流动的，不依赖任何外界事物。"[51] 这句话是我在第 2,449,828 个儒略日，格林威治时间 22 点 38 分写下的。

第五章

空间

从今往后，我向太空展翅高飞；

我不怕水晶或玻璃的屏障；

我冲出诸天，飞向无限。

乔达诺·布鲁诺（1591）[1]

　　相较于对时间的感知，在空间感知方面，西方人的变化并没那么剧烈，没有像机械时钟发明那样迅速地开始。约 1450 年，乔瓦尼·托尔泰利写下了所有改变了他所处世界的那些新鲜事物——时钟、指南针、管风琴、糖、动物油脂蜡烛等，其中，他只提到了一件与测量空间延展有关的东西，是一种新式的航海图，所谓的波托兰航海图，并且他承认自己不像其他人那样对此印象深刻，因为"它是长期劳动和勤勉认真的产物，而非神圣挑战的杰作"。[2]西方在空间认知方面的转变，一开始像乌龟一样缓慢，不过到 20 世纪初期，在那些与撼动了物理学的变化同等剧烈的变革之中，这种转变最终达到了顶峰。

指南针——在第二个千禧年早期从亚洲得来——驱使水手们冒险长途跋涉，从西班牙的菲尼斯特雷角行进到英格兰，或在冬季云层遮盖住北极星时穿越地中海。当然，他们需要确定正确的罗经航向，而有图纸辅助会方便许多，这些图纸不仅精确描绘了各个水域及其周围海岸之间的关系，还为海岸边那些在视觉和商业上极其显著的地点和地貌，标明了彼此之间最短的罗经航程。[3]

西欧最早可用于制定罗经航线的地图，被称为波托兰航海图。现存记录最早的那一张绘制于 1296 年，而这也正处于建造第一座时钟的那奇妙的几十年。[4] 波托兰航海图是些很实用的图纸，上面的说明或简述文字很少涉及上帝、诸神还有怪兽，它们描绘的是与各个水域毗连或之间的海岸线，并用直尺划出罗盘方位线。查阅波托兰航海图的航海人员经常发现图上已有的大港之间的罗盘方位线就是他要走的航程。如果图上没有，那么他通常会找一条和他所需指示线平行的方位线，之后沿此线前进。

波托兰航海图是为封闭或接近封闭的水域设计的，例如地中海、比斯开湾、北海和波罗的海等。就这些水域而言，它们很好地发挥了应有的作用，因为它们相当准确，而且登陆点之间的距离都很短。失真是不可避免的，因为没人知道罗盘仪的偏差，而且波托兰航海图从几何学的角度看也很原始，因为它是用平面图像反映地球的曲面，可这些失真微不足道。但把这些航海图用于长距离航行，那它们就会带来危险的错觉。远洋水手需要几何学上非常严谨的海图，才能让他们设定跨越地球表面的长航线。[5] 除了方向和距离，制图学的下一个进步将会朝着测量面积和形状迈进。

依照网格线来绘制地图的观念，早在 14 世纪上半叶就出现在西欧和其他一些地方了。[6] 现存的一些波托兰航海图就是如此绘制的，而绘制这些海图的师傅可能只是为了复制水手画下的草图才使用网格线的。这项技术要想蓬勃发展，还需要数学和古代科学的理论。该克劳迪乌斯·托勒密（Claudius Ptolemy）登场（或者说再次登场）了，如果没有这位古希腊人的出现，西欧人要想走到今天这步，可能还要花更长的时间。

1400 年左右，托勒密的著作《地理学指南》（*Geographia*）的一份副本被从君士坦丁堡带到了佛罗伦萨。如果说在空间认知观念的转变中，有什么能与时间认知中的擒纵器相媲美的话，那就是这本书了。《地理学指南》记载的消息随着意大利的商业和资本向西流往伊比利亚，那里的水手会向南沿着非洲海岸航行，探索大西洋，而他们只有借助海图才能远航，前往那些远远超出了已知地标甚至是看不到陆地的地方。[7]

简单说来，托勒密对制图学的贡献就在于，他把地球表面视作一个没有什么起伏变化的空间，会在图上打一个网格，网格由一系列指示坐标的交叉平行线构成，而坐标是根据各个天体的位置计算而来的。他为 15 世纪的欧洲带来了三种虽然不同但在数学上具有一致性的方法，借助这些方法，地球的曲面便可以在平面地图上表现出来，尽管有不可避免的失真，但有学问的人借助一些方法便可弥补这种误差。[8] 到下个世纪，托勒密发明的技术已经被西欧地图绘制者普遍掌握。他们笔下的地球现在已被经纬线构成的网络覆盖，从理论上讲，这个平面地球的各个地方像台球表面一样，处处都是均匀同质的。[9] 当美洲和太平洋闯入西方视野时，准确描绘它们位置的手段业已具备。

　　西方制图学的历史是无计划的实践领先于理论，而理论又努力追赶实践的故事。与此同时，天文学（那个时候通常指的是占星术）的历史则既是理论的历史，又是实践的历史：就前者而言，它重言辞而非数学，有点儿虚无缥缈；就后者而言，则是严格的观察和计算，试图赶上理论。

　　对于经院学者中一些较为自由的灵魂来说，历史悠久的神圣模型对空间的理解太过局限也不光彩。为什么上帝要把地球放置在宇宙的中心——一个大多数国王为自己保留的位置？而且，如果稳定比运动更高贵（你必须意识到这是一个不言而喻的真理），那为什么诸天在运动，而地球是静止的呢？有没有可能，地球在转动，而恒星的球体是稳定的？毕竟，在海上，若从一艘船上看另一艘船，很难分辨出哪艘在移动，既然如此，那么从地球看向诸天，怎么就会更容易分辨哪个在运动呢？彼得拉克的朋友尼刻尔·奥雷姆（1325—1382）将这个讨论向哥白尼主义推进了一步，他和其他少数几个人指出，理性推理并没有为我们提供分辨诸天和地球哪个在转动的方法。[10]

奥雷姆在相对主义和异端邪说的危险边缘徘徊，最终退缩了。毕竟，《圣经》上说，耶利哥战役发生时，上帝是让太阳停止运动，而不是让地球。奥雷姆把他的推测当成一种"消遣或智力锻炼"。[11] 实际上，事实可能的确如此：一些经院学者喜欢智力上的狂欢作乐。

在接下来的一个世纪，也就是 15 世纪，哲学家和原始科学家倾向于严肃对待这个问题。西方的前卫派（通常是意大利的那些人）从亚里士多德主义转向柏拉图主义（应该说是新柏拉图主义，因为自雅典时代以来，基督教和异教已经在其中添加了许多东西）。美第奇家族的科西莫在佛罗伦萨赞助了一所柏拉图学园，马尔西利奥·费奇诺（Marsilio Ficino）就在那里将柏拉图和普罗提诺的著作翻译成拉丁文，并竭力主张效仿苏格拉底，认为苏格拉底是仅次于基督的效仿对象。[12] 像费奇诺这样的思想家醉心于古典遗产中的神秘元素，倾向于一种基督教式的太阳崇拜，并对数学持有一种相比于基督教来说更偏向异教的信仰。上帝的启示无疑是象征性的和神秘的，但是上帝或许会以量化的维度很好地表达启示。

约翰内斯·雷戈蒙塔努斯（1436—1476）这位德意志人在意大利度过多年且在那段时间相当多产，翻译并出版了古代数学家的著作，同时也出版了包括他自己在内的同时代数学家的著作。他对天文现象做了仔细的观察，制作和撰写了有关诸天的图表和图书。他的著作《星历表》（Ephemerides）列出了从 1475 年到 1506 年之间每一天诸天体的位置。哥伦布在第四次航行中随身携带了一份，并在 1504 年 2 月 29 日那天预测到了一次月食，这一预测让心怀敌意的牙买加印第安人大惊失色，卸下了武装。[13]

库萨的尼古拉（1401—1464）出生在莱茵兰，是一位商业托运人的儿子，很可能是在"计算的氛围"中成长起来的。之后，作为枢机主教、历法改革者、梵蒂冈政治家、哲学家和神秘主义者，他得以进入一些圈子，而熟悉狄俄尼索斯和埃克哈特大师的秘文写作（hermetic writing），知晓托勒密和欧几里得那些清晰的论文，以及认为上帝是位几何学家的信念，都是在这些圈子里社交应当具备的基本素养。[14] 尼古拉宣称，上帝是人类无论如何也不可能理解的，他是一切的中心，也是一切的边界，在上帝之中，一切对立的都可以被调和，就好像一个圆，如果它是无限大的，那么这个圆的周长的一段就会是一条直线。尼古拉还被认为是欧洲最早的两张陆地区域比例尺地图的创作者（这在 15 世纪并不矛盾），这些地图有经度、纬度等信息。[15]

尼古拉认为宇宙包含了除上帝外的一切，而上帝则包含了宇宙。这样一个宇宙没有界限也没有边界。地球不可能是宇宙的中心，因为宇宙没有中心。宇宙没有边缘，没有中心，没有上或者下，也没有任何其他绝对的维度。空间是均质的。地球并不一定与其他天体不同，其他天体也可能有生命存在。[16]

在尼古拉当时所处的社会，严谨的定性分析，这一亚里士多德和经院学派所选择的智力工具，似乎正在失去优势，于是尼古拉开始寻找新的工具。最终，他在量化中找到了他想要的工具。他写道："想想精确性，因为上帝本身就是绝对精确的。"[17]而且，"心智（mind）是一个活的尺度，它在对其他事物的衡量之中实现自己的能力"。[18]

《门外汉》（*Idiota*）是尼古拉最著名的对话集之一，书里的权威人物不是某位古代先哲，也不是某个经院学者或任何类型的知识分子，而是一个门外汉。（在那个时期的拉丁语中，*idiota* 并不是白痴的意思，而是指不懂拉丁语的普通人。）这位普通人宣称，上帝的智慧"就在大街上明摆着"。听的人问，这智慧是什么，又是怎么说的？这位听者坐在一间面朝市集的理发店里，从那里向外望去，看到的就只是金钱交换、货物称重，以及测量油的多少。普通人答道，这些就是我想说的。"野兽是不能计数、称重和测量的。"[19]

《门外汉》中的《论用秤实验》（*De staticis experimentis*）

写于 1450 年，论述了如何借助他那个世纪最精确的、人
们可以轻易在市集找到的测量仪器——天平秤——来了解
自然。例如，通过给流经滴漏的水称重，测量一年里昼长
的变化，测量一次日食或月食的持续时间。要想衡量不
同气候条件下的光照强度差异，就可以测量在不同气候
条件下播种的一千粒相似种子所产出的植物在重量方面
的差异。[20]

　　尼古拉将复杂问题简单化，而且和所有经院学者一样，
不愿亲自实验。比起伽利略，他更像圣奥古斯丁，但是他
的思想证明，在对世界的思考上，西方已经开始了从定性
思考向定量思考的转变。[21]

　　讽刺的是，这些纸上谈兵的思想家越是接近于抛弃那
个有限和有层次的宇宙概念，他们的直接影响力就越小。
奥雷姆曾影响了其他经院学者，但也就仅此而已，两个世
纪之后，像哥白尼和伽利略这类人可能没怎么仔细阅读或
者说根本没有读过他写的东西。教皇很看重雷戈蒙塔努斯，
召他来给历法改革提出建议，但正如我们所知，这也无果
而终。[22] 这位天文学家之所以重要，主要是因为他留下了
精确的观测结果，供以后更大胆的天文学家使用。尼古拉
同时代的人，除了敬重他是教会的政治家，基本上都对他
的其他方面不感兴趣。16 世纪初，历史悠久的神圣模型之
下的空间观念似乎坚不可摧。

　　哥白尼（1473—1543）是波兰人，于公元 1500 年前

后花了几年时间在意大利学习和授课。他寻求自然中蕴含的简练雅致，并对太阳的威严兴趣颇深，从这方面看，他可说是一位新柏拉图主义者。他使一个古老观念重获新生，这一观念在亚里士多德和托勒密阴影的笼罩下已经消失千年，如此，我们也可以认为这个观念近乎他的原创。他颠覆了前人对宇宙的看法，把地球从宇宙的中心拿走，代之以太阳。他用了与奥雷姆和尼古拉相似的论证，给自己放肆的行为辩护。是的，太阳似乎每天由东到西从天空划过，但如果假定地球自西向东旋转而太阳保持不动，我们看到的结果也是一样的。像天空这么巨大的东西怎么可能在一天之内就绕地球一周呢？相比之下，设想地球仅仅是一个点，不是更容易吗？他甚至提出了一个带有异教太阳崇拜味道的理由："因为在这最美的圣殿 [宇宙] 中，如果可以把这盏灯放在能够同时照亮一切的位置上，谁还会选择把它放在其他的或者说更好的位置呢？"[23]

如果他当时止步于这些有说服力的、透着和气的论证，那他可能不会有太大的影响力，而太阳还会在地球轨道上再停留一两代人的时间。即便如此，他也没能说服人文主义者蒙田，后者对传统主义者和哥白尼之间的分歧不屑一顾："据我们所知，一千年后，另一种观点将会把这两种观点都推翻。"[24] 但哥白尼和蒙田甚至库萨的尼古拉都不一样，他骨子里就是一位数学家。他的巨著《天球运行论》中有无数的计算。他是千年以来第一个主要用数学表达自己观点的天文理论家，而数学堪称科学的母语，对那些即将在17世纪重塑天文学和物理学的少数人来说，它比文字更有说服力。[25]

哥白尼革命的影响相当之大，不仅在于这场革命降低了地球的重要性（关于这一点已经有很多著述），还在于其对空间本身的质与量的影响。在亚里士多德−托勒密体系中，为了给其他天体及其活动范围留出空间，恒星必须距离地球非常遥远，但这一距离又不是不可想象的。但是，在哥白尼的体系中，这个距离远到几乎不可想象，因为当观测者从地球绕太阳运行轨道上的一端荡到另一端时，恒星的位置相对于较近的天体来说并不发生变化。[这与所谓的视差（*parallax*）有关。] 哥白尼体系下的宇宙，其体积必须至少是传统宇宙的四十万倍。[26]

中世纪和几乎所有文艺复兴时期的欧洲人都认为空间是有等级的，而托勒密的理论强化了这一观念。如果地球是所有重物坠落所指向的中心，那么很明显，地球就与其他造物有着本质的不同。但如果太阳是中心，地球像其他行星一样绕着太阳转，那地球的独特性又体现在哪里呢？

第一个大胆公开宣称哥白尼理论对空间性质有影响的人是布鲁诺，或至少可以说他是第一个这么做的知名人士，他最初是一名多明我会修士，但最终在罗马被处以火刑。他认为空间没有中心或边缘，也没有顶或底，这一想法冒犯了亚里士多德主义者、天主教徒、加尔文主义者，以及所有不能与"无限"和睦共处的人。他认为空间是均质的、无限的，充满了无限的诸世界——这令人难以接受：

> 有一个普遍空间，一个广袤的无限，我们也许可以姑且称之为虚空（Void）：其中有无数个星球像我们生活和成长于其上的地球一样；我们之所以称这个空间是无限的，是因为理性、合宜性、感官知觉和自然都没有给它指定界限。[*27]

布鲁诺于1600年因异端罪被处决，但纸已经包不住火。猫已经跳出袋子，还极度焦躁不安。

如果空间是均质和可测量的，因而也是易于用数学来分析的，那么人类的智慧就可以理解世间万物，甚至是星际虚空中的一切。我举两个例子。

1490年代，西班牙和葡萄牙为谁对整个非基督教世界享有所有权而争论不休。他们要如何在西班牙人或葡萄牙人从未涉足过的异域划定边界呢？要知道这些边界大部分都要穿过远洋海域。他们从北向南、从北极向南极划定了这条边界，一开始是1493年在教皇帮助下划定的，之后在1494年《托德西利亚斯条约》中又做了一些调整，最

---

* 译文引自〔法〕亚历山大·柯瓦雷：《从封闭世界到无限宇宙》，张卜天译，商务印书馆，2016。

终这条边界划到了"佛得角群岛以西370里格的位置，以度数计算"。[28] 着重号部分（我所加的）强调了一个明显的事实，即实践中，测量的距离和在水上画的线只能用度数来计算。

在另一个时代里，伊比利亚人需要在西太平洋划定一个类似的边界。在1529年《萨拉戈萨条约》中，他们延伸了《托德西利亚斯条约》中规定的边界线，越过了两极和世界其他地方，在摩鹿加群岛以东297.5里格或19度的位置划定了一条边界。[29]

事实证明，《托德西利亚斯条约》和《萨拉戈萨条约》中划定的界线并不重要。葡萄牙人在巴西、西班牙人在东印度群岛，都侵犯了这条边界线，而且无论如何，还没人能够准确计算经度。然而，这条边界线的确证明了文艺复兴时期的欧洲人所相信的事情没有错，即世界的表面是均匀同质的，即使在他们和据他们所知的其他任何人类都没有见过的土地和海洋上也是如此。他们认为自己不仅强大到可以像切分一个苹果那样分割世界，而且理论上能够以一种精确的方式分割，而且要不了多久，也能在实际中做到精确分割。

1572年11月，全世界的人都看到了一个新的恒星，我们称之为新星（nova），它是如此明亮，即使在白天也能看到。加尔文的继任者、狂热的日内瓦新教教会领袖泰奥多尔·贝扎（Theodore Beza）看到了这颗新星，并认为它是第二颗伯利恒之星，是基督第二次降临的预兆。第谷·布拉赫（Tycho Brahe）这位西方自古代以来第一位真正的且可能是望远镜出现之前最好的天文观测家，也看到了。他测量了这颗新星与仙后座九颗已知恒星之间的角距离，并记录了它的星等和颜色。在那颗行星依然可见的17 个月里，他一直这样做。[30]

当时的权威宣称诸天是完美的，变化只会发生在月下区，也就是在月亮之下。[31] 因此，这颗新的行星必定离地球很近，它更可能是气象学要研究的对象，而不是天文学。然而，根据第谷的精确测量，它从未改变自己相对于恒星的位置，因为恒星是天空中距离地球最远的天体，如果它在月球的范围内，就肯定会改变位置。第谷的观测表明，这颗新星，尽管易变，但一定在恒星活动的范围内。[32]

1577 年，一颗巨大的彗星扫过天空，这是之后半个世纪里会出现的一批"火流星"中的一颗。如果传统上分等级的宇宙模型是真实的，那么彗星这类高空中最不稳定的物体，必然会处于高层空气的扰动之中。第谷观察了这颗新的彗星，像往常一样做了细致的测量，并由此推断，这颗彗星不在月球范围内，而是在更远的地方，大约要比月球到地球的距离远六倍。此外，这颗彗星似乎也不是以完美的圆形轨迹运行的，而是在一个椭圆轨道上运动，这可不是什么完美的轨道，它必定会贯穿行星的球体。欧洲天文观测用了数千年的水晶球模型（crystal sphere）不可能存在。[33]

到 16 世纪末，历史悠久的神圣模型下的空间理论被推翻了。保守派暂避于这一理论的废墟中，又挣扎了几代人的时间，但转向另一种理论是不可避免的。而这另一种理论就是牛顿所谓的"绝对空间"，这种空间"就其本性而言，与任何外界事物无关，恒常如一，如如不动"[34]，也就是说，它是一致可测量的。这就是经典物理学所说的空间，是另一位数学家同时也是神秘主义者的帕斯卡尔口中那可怕的非道德虚空。[35]

第六章

数学

　　为什么在所有伟大的作品中，簿记员都如此受欢
迎？为什么审计员如此吃香？是什么原因使得几何学
家被抬得如此之高？天文学家为什么会有如此大的进
步？因为他们通过数字发现的事，已经超越了人的心智。

罗伯特·雷科德*（1540）[1]

　　中世纪晚期和文艺复兴时期的某些西欧人开始试探性
地思考绝对时间和绝对空间的可能性。这么想的好处是，
根据定义，诸种绝对的属性是永恒且普遍的，这意味着努
力去测量这些属性并用各种方法分析和使用测量结果是值
得的。测量的结果就是数字，而对数字的使用就是数学。

---

*　罗伯特·雷科德（Robert Recorde，约1512—1558），威尔士医生、数学家，
　等号的发明者，曾担任英国皇家造币局的财务总监，后因债务被捕，并死
　于狱中。

14世纪的坎特伯雷大主教、经院学者托马斯·布拉德沃丁（Thomas Bradwardine）曾说："无论是谁，如果他胆敢在研习物理学时无视数学，那他从一开始就应该知道，自己将永远无法进入智慧之门。"[2]

在开普勒和伽利略之前，罗杰·培根、让·布里丹、弗莱贝格的狄奥多里克、尼刻尔·奥雷姆以及其他与他们有着相似思想的人，就已经开始推崇几何学。尤其是奥雷姆，他坚信数字即使是在以前被认为不适合的领域内也可以有用武之地。奥雷姆（他一生的大部分时间都在巴黎，而且肯定无数次听过查理五世那彰显权威的钟声）在一部题为《性质和运动的几何学》（*The Geometry of Qualities and Motion*）的著作中写道，要想测量具有"连续量"的事物（如运动或热量），"有必要设想点、线、面或其属性……尽管不可分割的点或线是不存在的，但假定它们存在仍很必要"。[3] 为何？因为如此一来，你便可以数出它们了（参见图3）。

舞台已经或基本准备就绪，数学和数学应用于物质现实的进程即将飞速向前。13世纪时，比萨的列奥纳多·斐波那契，这位到当时为止西方最伟大的数学家，就已经登上了这座舞台，他自如地使用印度—阿拉伯数字和其他从伊斯兰土地上借用的事物，开展数论实验，设计了我们现在仍称为斐波那契数列的东西。他完全凭借一己之力在数学上取得新的进步——但几乎没留下几个门徒。[4]

　　数学还没有准备好迅速发展。数学的符号和技术发展还不充分。这就好比当小号独奏的时刻来临，而唯一可用的乐器却是一把猎号。此外，从某种意义上说，数学与均质的时间和空间之间并不能完全划等号。数字和数学概念之中仍然充满非数学的意义。"3"的确是 1+1+1 的和，或者"9"的平方根，但不一定在什么时候，"3"还会直接指向三位一体。

　　不过，还是让我们先来看看如何从猎号过渡到小号吧。让我们看看计数、算术和简单的代数。正如在第二章所讨论的，用罗马数字计数是非常困难的，尤其当数量很大的时候。圣奥古斯丁在描述永恒的无限性时说，永恒比一个大到"不可能用数字表达"的总和还要无穷无尽，[5] 这句话在今天看来更多会令人困惑而非带来启示。用罗马数字进行复杂的计算，就算不是不可能，也是不切实际的，数字和字母的混合和混淆很难避免，因为，毫无疑问，罗马数字就是罗马字母。

　　计数板极大限度地解决了这些困难，但这个西方版本的算盘也有自身的缺点。它无法同时处理非常大的数字和非常小的数字，而且它只是一个计算设备，不能记录。使用者在计算时必然会删除相应的计算步骤，如此一来，就不可能找出计算过程中的错误，除非从头开始，重复整个计算过程。为了将计算结果永久记录下来，那就要用到罗马数字，这就又把我们带回到书写长数字的问题上。

如果中世纪的欧洲人已经有了在远东和今天其他地方很常见的那种算盘，把珠子穿在金属丝上而专家可以边想边来回拨弄珠子，那西方人可能永远不会采用印度－阿拉伯数字。但使用计数板的话，得把计算用的筹码拿起来，从一个地方移到或推到另一个地方，而如果膝盖碰到或袖子不小心掠过，都可能将计数板打翻在地，让长时间计算的结果化为乌有。幸好欧洲人从来没见过东方的算盘。（我以后还会指出"没文化"的若干好处。）1530 年，约翰·帕尔格雷夫（John Palegrave）宣称，他用印度－阿拉伯数字计算比"你用计数板计算"快六倍。[6]

对于我们通常所称的阿拉伯数字，除了知道并非阿拉伯人发明了它们，我们对其起源所知甚少。阿拉伯人是从印度人那里学到这种数字符号的，印度人可能是最初的发明者，但也很有可能，印度人是从中国人那里学到的。[7]我们会称其为印度－阿拉伯数字。不管其起源究竟为何，阿拉伯人一眼就发现这是个好东西，很快就采用了这些数字，并做了调整以用于自己的目的。与这个新的计数体系联系最密切的穆斯林，是生活在公元 9 世纪的学者和作家花拉子密*。他有关新数字的专著向西传播到了西班牙，随后这一新的体系很快就渗透到了欧洲。12 世纪时，英国人

---

* 花拉子密（al-khwarizmi，约 780—约 850），波斯数学家、天文学家和地理学家，被誉为"代数之父"。在他的著作译成拉丁文后，十进制传入西方世界。

切斯特的罗伯特将花拉子密的书译成拉丁文，此后，这一新数字体系就持续不断地在西方发挥影响力。[8]

欧洲的各种语言将 *al-Khwarizmi* 一词做了各种变体，当代的英语词 algorithm（"运算法则"）和 algorism（"十进制计数法"）就是其后代。这些词在今天有特殊含义，但是在中世纪、文艺复兴时期以及此后很长一段时间里，它们仅指印度—阿拉伯数字，以及与之相关的计算方法。[9]

现如今，在我们的印象中，相比罗马数字和计数板，印度—阿拉伯数字的优势是显而易见的，但真要判断这种印象是否正确，那就得找一个此前对这两种计算系统都没什么经验的人。只有 10 个数字符号，"正如在这里写下的，0987654321"。有了它们，无论多大的数字都可以写出来。用印度—阿拉伯数字计算的过程有时被称为"笔算"，[10] 计算过程本身不会被抹除，因此很容易检查；而且，计算和记录可以用同样的符号来完成。

但是印度—阿拉伯数字对旧时的欧洲人来说并不一定有利。既有的数字符号系统用起来很顺手，而且直到 1514 年，用罗马数字写就的算术书才停止出版。没错，采用了这种最新方式的数学家可以写出他想写的任何数字，而且所有人都能理解，但前提是，他和其他所有人都能理解位值和神秘而奇怪的零。位值是很难理解的。在计数板上，你可以看到筹码，并且可以跟踪筹码的位置变化。但是用阿拉伯数字系统，你只能看到石板上（如果你能负担得起，那就是在羊皮纸或书写纸上）一些形似鸡爪印的笔迹。可怕的"零"，这个表示"不存在"的符号，就像"真空"概念一样引发了人们观念上的不安。从当时那个时代的诸多解释中，我们可以推断，"零"提出了一个真正的问题。13 世纪，约翰·赛科诺伯斯克（John Sacrobosco）在欧洲最流行的十进制计数法指南《数字之道》（*The Crafte of Nombrynge*）中写道：

> "0"（cipher）代表没有，但"0"可以让在其后的数字表示的值比在没有"0"时它所应表示的大，比如"10"。其中，数字"1"表示"十"，如果没有这个"0"，而且在它前面没有数字，那么它就只应表示"一"，因为此时它应该在首位。[11]

翻译："1"只是"一"，但在其右侧加一个"0"，那就成了原来的十倍。不要纠结于"在它前面"这个表达。它可能反映的是从右向左的阿拉伯语书写习惯。

过了好几个世纪，欧洲人才承认"零"是一个真正的数字。一位 15 世纪的法国人写道："就像碎布娃娃想要变成老鹰，驴子想变成狮子，猴子想变成女王一样，零也摆起了谱，假装自己是一个数字。"然而，相对而言，占星家们很快就接受了阿拉伯数字，包括零，这可能是因为零提升了他们的地位，就像秘密写作（secret writing）一样。[12]

顺便说一句，英语词 encipher（"编码"）和 decipher（"解码"）中的 cipher（"密码"）至少部分可以追溯到"零"在过去享有的神秘声誉。[13]

随着经济和技术的蓬勃发展，阿拉伯数字在西方取得胜利也许是不可避免的，但改变是缓慢的，而且来得不情不愿。几代西欧人曾经将各种不同的体系混合在一起，推迟了向阿拉伯数字系统投降的日子。为了克服用罗马数字记录大数的困难，西欧人有时会把口述的数字写成各种点，这些点的排列方式就像是计数板上表示数字的筹码所排成的图案。在 1430 年的一本日历的序言中，日历的制作者说一年有 "ccc and sixty days and 5 and sex odde howres"（三百六十五天零六个小时）。两代人后，另一位作者用 "MCCCC94" 来表示他当时所处的年份，那是哥伦布发现美洲两年后。有时欧洲人会采用印度-阿拉伯数字系统里的位值和零，但会用罗马大写字母表示它们，这是一种特别令人困惑的妥协。"IVOII" 表示的是 1502 年（如果不告诉你，你能想到吗？），也就是说，I 在千位，V 在百位，十位空缺，而 II 在个位。画家迪里克·鲍茨（Dirk Bouts）在他位于鲁汶的教堂祭坛上留下了一个数字 "MCCCC4XVII"，这代表什么？我猜测是 1447？你觉得呢？

在帝国自由城市奥格斯堡最早的账簿中，所有的数字都是用拉丁文书写的。其后，会计师会用印度-阿拉伯数字来标示年份（这样一来，一些不太有道德的会计师就不太可能在年份上加第五个数字了）。当会计师们终于开始使用新数字符号来表达其他数额时，他们也用罗马数字符号记录数字。那是在 1470 年。半个多世纪后，印度-阿拉伯数字在奥格斯堡的账簿中完全取代了罗马数字。

印度-阿拉伯数字系统战胜罗马数字系统的过程是如此之慢，以至于我们没法确定它是在某个确定的十年之内甚至是某个人可能活的最长年限里发生的。当然，到 1500年为止，这种胜利肯定还没到来，尽管在那之前情势似乎已经不可阻挡：那时，美第奇银行的会计人员只使用新的数字系统，就连不识字的人都开始采用新的数字符号。可以肯定，变革至迟发生于 1600 年，尽管当时的保守人士仍然坚持使用旧的数字符号。罗马数字直到 17 世纪中期才从英国财政部的账簿中完全消失；而且直到今天我们还在一些盛大的场合使用它们，例如在奠基石上刻写日期，或指明美国橄榄球超级碗的日期。[14] 尽管如此，这种变化，无论多么缓慢，都堪称一种剧变。尽管西欧人放弃了超越国家和地区的拉丁语，转而使用他们各自的本地语，但他们接受并欣然采纳了另一种真正通用的语言——阿拉伯数字系统。

在革命性地采用新的数字符号之后不久，运算符号也发生了改变，这一改变对此后数学、科学和技术中的大部分进步来说都至关重要。最简单的运算符号"+"和"−"，在欧洲算术中出现较晚，比印度-阿拉伯数字符号要晚得

多。列奥纳多·斐波那契在 13 世纪就能非常熟练地使用
新的数字符号，但对于这些数字之间的关系和运算，他不
得不使用言语以讲究的措辞来仔细描述。[15] 言语是不准确
的。比如，在 "2 and 2 equal 4"（"2 加 2 等于 4"）这句
话里，"and" 的意思似乎很清楚，但这个词有时候也被单
纯用来表示 "有若干个" 的意思，如在 "a 2 and a 2 and a 2"
（"一个 2 和一个 2 和一个 2"）这句话里，它就没有任何
"加" 的意思。15 世纪后半叶，意大利人就在使用符号或
至少是单词缩写来表示加和减："p" 表示加（plus），"m"
表示减（minus）。这其实也会引起混淆，尤其是你想在代
数标记法中使用它们时，例如 "a p b m c = x"。我们熟悉
的分别表示加和减的符号 "+" 和 "–"，于 1489 年出现
在德意志的印刷物上。它们的起源并不清楚：也许是源于
仓库工人在包裹和箱子上用粉笔做的简单标记，这些标记
表明这些包裹和箱子的大小或重量超出或低于预期。整个
16 世纪，这种德意志的符号都在与意大利的 "p" 和 "m"
斗争以获得认可，而直到法国代数学家们采纳它们才取得
胜利。罗伯特·雷科德在 1542 年左右为英国人做了决定，
宣布 "这个符号 '+'，其表示增加，而这条没有线与之相
交的单一横线 '–'，表示减去"。他这里说的是它们在代数
中的使用，在英格兰，和其他地方的情况一样，早在做算术
的一般大众接受之前，代数学家们就已经在使用它们了。[16]

等号 "=" 似乎是英国人发明的。16 世纪中叶，为了

不再单调乏味地重复这句"is equal to"（"等于"），雷科德使用了这对水平的平行线，"因为没有什么比这两条线更相等的了"。英美的乘除符号"×""÷"，其历史更加复杂，也更悠久，而且就如其起源所预示的那样，一点也不使人满意。"×"曾出现在中世纪的手稿中，后来又出现在印刷书籍中，作为一个数学符号，它有 11 种或更多不同的功能。如果和字母符号一同用在代数表达式中，它肯定会引起混淆。代数学家省略乘法符号或用一个点来表示，而算术家在几个世纪的时间里都没有在乘法中使用"×"。英美的除法符号与减法符号极其相似。运算符号普及化的进程始于中世纪，至今仍未完成。[17]

文艺复兴时期最著名的簿记员卢卡·帕乔利（Luca Pacioli）曾说，"许多商人在算账时会抹掉零头，这些小钱就会溜进商人自己的口袋"，但是顾客可不会一直忍受这种做法。商人参与复杂的交易，不同时间参与交易的人也不同，还要考虑单利和复利，而且可能要考虑两种、三种或更多种货币如怒海一般的币值涨落。15 世纪，商人经常使用像 $\frac{197}{280}$ 这样的分数，而且有时发现自己陷入了像 $\frac{3345312}{4320864}$ 这种分数的流沙陷阱之中。十进制系统将他们从流沙中拉了出来，而十进制早在 13 世纪就已经萌芽，但在那之后的三百年里，它一直缺乏一个合用的标记系统。

西蒙·斯特芬（Simon Stevin）的《论十进制》（*De thiende*）于 1585 年同时以佛兰芒语（他的母语）以及法语出版，是关于十进制最有影响力的著作。斯特芬在书里指明，一个特定数是在小数点（正如我们所说的）左边还是右边时，会在数字上方使用带小圆圈的数字做指示，圆圈数字 0 代表整数部分，而圆圈数字如 1、2、3、4 等，则代表小数部分：例如，如果他来写 π 就是：

◎　　①　　②　　③　　④

3　　**1**　　**4**　　**1**　　**6**

他的贡献不在于这种标记系统本身，而在于他为十进制提供了详细解释，并至少为十进制的小数提供了一种清晰的标记系统。直到下个世纪，我们现在熟悉的表示十进制小数的方式才出现，而直到今天，也没有一个四海通用的系统。有些社会会在整数和小数之间用点，有的则会用逗号。但是，从西蒙·斯特芬全盛期开始，人类就已经从某种可行的十进制小数系统中获得了不可估量的好处。[18]

印度-阿拉伯数字，辅以哪怕只是最原始的运算符号，也效力倍增，使欧洲人能够高效地处理数字，为其他进步打开了大门。用怀特海的话说就是："从与算术细节的斗争中解脱出来，这就为晚期希腊数学中已隐约预见的发展提供了空间。代数在这时登场，而代数又是算术的一般化。"[19]印度和阿拉伯的代数学家使用的并非简单的符号（x、y 或诸如此类的），他们用的是单词，至多也就是单词的缩写。
13 世纪早期，列奥纳多·斐波那契有一次在他的一个代
数式里使用了一个字母代替一个数字，但之后就没什么创
新了。与他同时代的乔达努斯·尼摩拉里乌斯（Jordanus
Nemorarius）则更经常地使用字母充当表示已知量和未知
量的符号，但他没有用于加、减、乘等的运算符号。一位
数学史家曾说，尼摩拉里乌斯发明了自己的系统，大量地
使用字母，"字母多到成了推理列车快速行进的阻碍，就
像一个人参加马拉松比赛，却有像蜈蚣那么多的腿"。[20]

　　在很长时间内，代数标记系统都是将单词及其缩写还
有数字混在一起使用，直到后来法国的代数学家——尤其
是 16 世纪的弗朗索瓦·韦达（Francis Vieta）——开始系
统地使用单个字母来表示具体的某个量。韦达用元音字母
表示未知量，用辅音字母表示已知量。（下一个世纪，笛卡
尔整理了韦达的系统，使用字母表上前几个字母表示已知
量，后几个字母表示未知量。A 和 B 还有之后几个字母表
示已知量，X 和 Y 还有前后几个字母则表示待解决的谜。）[21]

　　随着代数变得越来越抽象和一般化，它也变得越来越
清晰。因为代数学家可以专注于符号，暂时把它们所代表
的东西放到一边，这样他们就可以完成前所未有的智力壮
举。非数学家有时会觉得代数的标记系统令人困惑，甚至
惹人反感，例如托马斯·霍布斯就嗤之以鼻，他谴责一篇
关于圆锥曲线的论文"满眼都是各种符号疮疤，甚至没耐

心去检验它的证明到底是好是坏"。[22] 但其实他谴责的那些
所谓的疮疤恰恰是些小小的放大镜，奇妙地聚焦了人们的
注意力。正如艾尔弗雷德·胡珀所说："借助代数的符号
体系，我们有了一种'模具'或者说是一种数学的'机床'，
它就像固定夹具指引切割工具在机器上切割一样，快速而
准确地引导我们的思维指向某个目标。"[23] 伽利略、费马、
帕斯卡尔、牛顿和莱布尼茨都从韦达那里继承了一套精致
的代数夹具，并用其为 17 世纪赢得了"天才的世纪"（怀
特海语）的称号。[24]

　　与数学符号的进步同时出现的还有一种变化，在理解
数学的意义方面，这种变化与前者至少是同等重要的。从
表面上看，数字只是量的符号，与质完全无关，而这也是
它们如此有用的原因。数字的意思就是它们表面的意思，
除此以外别无他意。例如，圆的周长、半径和面积三者之
间的关系可以用 π 来表达，而 π 可以约等于 $3\frac{1}{7}$ 或 3.14
或 3.1416。我们可以通过增加更多的小数位让 π 代表的
数字更精确，但这一过程只强调 π 本身是什么。无论是政
客、牧师、将军、圣徒、天才、电影明星还是疯子，都不
可能让 π 小于 3 或者大于 4，也不可能让 π 最后变成整数。
π 无论在哪里，在什么时候，无论是在地狱还是天堂，今
天还是末日，它都是 π。

　　但是，我们的心智，除了有逻辑性的一面，至少同样

还有喜爱隐喻和类比的一面，因此它无法忍受那些短而直接、戛然止于终点的路径。我们喜欢的是那些在树木丛生的谷地中蜿蜒曲折的道路，因此我们经常会出于非数学的动机来调整数学。所以，我们大多数的高楼都没有第十三层，因为"13"并不只是简单的"10"加"3"：它是不吉利的。在中世纪和文艺复兴时期，西方的数学充斥着这样的信息。甚至在专家那里——或者说，尤其是在专家那里——它也是超定量（extraquantitative）消息的来源。

例如，罗杰·培根就曾非常努力地从数字角度预测伊斯兰教的衰落。他查阅了阿布-马沙尔（Abu Ma'shar）这位用阿拉伯语写作的最伟大的占星学家的著作，注意到阿布-马沙尔发现了一个持续时间为693年的历史周期。这一周期开始时，伊斯兰教崛起，而过了693年后，伊斯兰教就会衰落，培根认为，这应该是不久的将来就会发生的事。这一周期在《圣经·启示录》第13章第18节中得到了证实，培根认为这一节揭示了代表野兽或敌基督的"那个数"是"663"，这一数字肯定与其他剧烈的变化有关。

培根的分析有两个缺陷。首先，《启示录》里代表野兽的数字是"666"，而不是"663"：培根所使用的可能是一个有瑕疵的《启示录》副本。另一个缺陷更有趣。阿布-马沙尔所说的"693"和《圣经》里的"663"（或者"666"，如果你想的话）不是同一个数字。如果你认为算术只关乎数字而根本与信息无关，那么此时你要检查自己的错误或放弃自己的假设。但是培根相信，信息要比其载体——数字——更加重要。所以，他捏造了数字，而为了给自己的行为辩护，他说，"《圣经》多处都用一个完全数来说事，这是《圣经》的习惯做法"，而且"也许上帝希望某件事不应该被充分解释，而是应该隐晦一些，就像那些写在《启示录》里的事情一样"。[25]

数学之所以伟大，是因为在特异性方面，它能使培根这类的处理变得合情合理，而在一般性方面，它又足够有力，能够吸引我们在其帮助下解开那些最大的奥秘，例如宇宙的物理学本质和形而上学本质为何。还有什么比"2"更具一般性的呢？它可以表示两个星系或两棵腌菜，或者一个星系加一棵腌菜（大脑的确会懵），或者两次轻微的颠簸。它就像上帝一样，是自有永有的，而且许多人认为它一定是上帝的造物。

15 世纪，库萨的尼古拉呼应了两千年前柏拉图所说的话，写道："我们心中的数字就是上帝心中数字的映像。"五百年后，诺贝尔物理学奖得主尤金·维格纳（Eugene P. Wigner）在一个高于尼古拉和过去任何新柏拉图主义者的知识技能水平上，研究了数字与物理现实之间的神秘关系，但他得出的结论与他们的很相似："很难不让人产生这样的印象，即奇迹就在我们面前。"[26] 我们痴迷于数字"13"和"666"真的很愚蠢，但神秘主义数学家本身并不愚蠢。神秘主义是我们面对神秘事物的一种方式，而数学就是神秘的。

物理学、化学和天文学这些自然科学已经用经验研究证明了我们的直觉信念，即现实是数学的（或者也许我们只能理解数学的东西，但这是另一个问题）。这种信念是科学的先决条件，事实上，也是我们大多数文明的先决条件——但它并不必然会导向牛顿的物理学，这里只是举一个例子。这样的信念，除了在智力上具有挑战性，在美学上也令人满意，甚至让人上瘾。它可以让数学家和计算能手完全脱离物质现实，比如，柏拉图冥思苦想寻找"完美数字"，也许是古代神圣数字"60"的四次方，即"12,960,000"，再比如佛教僧侣宣称的，年轻乔达摩的伟大不可思议，他甚至能把一个由旬 *（一段很长的距离）分成 $384,000 \times 7^{10}$ 那么多的部分。[27]

基督教的数字匠人开始接触数学是为了表达敬畏。公元 2 世纪的主教帕皮亚（Bishop Papias）是一名使徒教父，他曾写道，未来将会有这样的日子：葡萄藤不断蔓生，每根藤蔓上都将有一万根枝，每根枝上会有一万条细枝，每条细枝上会有一万条嫩芽新枝，每条嫩芽新枝上都会有一万挂葡萄，每挂葡萄上都会有一万颗葡萄，而每颗葡萄都会产出 25 "米"（metres）的葡萄酒；"当一位圣徒拿起

---

* 古印度长度单位，佛学常用语，梵语音译。又作逾阇那、逾缮那、瑜膳那、俞旬。

其中一串,必会有个声音大喊:'我这串更好,带我走吧。'"[28]
一千年后,罗杰·培根和皮耶罗·德拉·弗朗切斯卡(Piero
della Francesca)之所以命名了几何学并采用了它,并非
要为现代光学奠定基础,也不是要加速眼镜或望远镜的发
明。他们的意图与伽利略不太一样,却与伊丽莎白女王的
占星术士和数学家约翰·迪(John Dee)很相似,后者在
一次数学神秘主义的热潮中飞到了人们看不见的地方:

> 在精神中,(用思辨的羽翼)起身、攀爬、上升、
> 飞升,在创造之光中观看那众形式的形式,那所有可
> 数之物——无论它是可见或不可见的,可朽或不朽的,
> 肉体性或精神性的——的典范数字。[29]

　　佛陀的故乡印度已经并将继续培养出异常之多研究纯
数学的杰出数学家。然而在西方,尽管有约翰·迪,培养
最多的还是优秀的应用物理学家、工程师和会计师。(最
近来看事实未必如此,但我讲的是历史。)历史上最有趣
的问题之一就是有关为什么的问题。
　　一个简单但错误的答案是,在西方,随着实用数学的
发展,数字神秘主义式微。但事实上,文艺复兴和宗教改
革似乎刺激而非阻止了巫师们使用数字和运算来解读过
去、当下和未来。占星术在文艺复兴时期比在中世纪更受
欢迎,吸引了成百上千的数字专家和天文学家投入到数学

上日益精密的占星术中。宗教改革时期，宗派主义盛行，彼得罗·邦戈（Pietro Bongo）计算出了他那个世纪最无耻的造反者的名字，如果以当时通用的拉丁体系拼写的话，就是"LVTHERNVC"，如果将这里每个字母对应的命理数字数值加总的话，就会得到——好吧——当然是"666"。路德宗教徒起身反击，而且发现教皇三重冕上的装饰文字，即"VICARIUS FILII DEI"（"天主之子的代牧"），按照前述数值加起来也是"666"，不过你要剔除 a、r、s、f 和 e，因为这几个字母没有命理学对应的数值。[30]

当一些人把神秘主义数学用作污蔑他人的手段，受新柏拉图主义影响的、年轻的哥白尼主义者约翰内斯·开普勒则误入歧途，对五个柏拉图正多面体欲罢不能，它们就是正四面体、正六面体、正八面体、正十二面体和正二十面体。它们是"完美的"，因为它们的每个面都是相同的（也就是说，正六面体的六个面是一样的，而二十面体的二十个等边三角形也是一样的），也因为这五个正多面体都可以放进一个球体之中且保证所有顶点（角）都能接触到球体表面，或者它们都能将一个球体包含其中且保证所有面的中心都与这个球体表面相切。1595 年，开普勒认为这五个正多面体解释了整个宇宙。他确信，这五个正多面体可以正好放进六个已知星球的轨道（球体）之内，多面体的顶点正好支撑着外层球体，面正好支撑着里面的球体——这是上帝偏好柏拉图秩序的一个神圣范例。"我看到，"开普勒写道，"一个又一个对称的正多面体精确地位于合适的轨道之间，甚至如果有一个农夫要问你，诸天是用什么挂钩固定而不至于掉下来时，你可以很容易地回答他。"[31]

不幸的是，用精确数字表示的观测结果（通常来自第谷·布拉赫）证明他是错的。接下来，开普勒尝试了一个太阳系模型，基于毕达哥拉斯的比例的和谐。虽然也失败了，但他仍然坚持着。他年复一年地借助数字检验每一个理论的所有变化形式，而经过复杂困难的计算之后，他提出了行星运动的三大定律，为牛顿建立理论奠定了基础。

开普勒的信仰是，仁慈的上帝创造了人类，并将人类放置于他们唯一可能理解的宇宙——一个数学的宇宙中。1599 年他问道：

> 除了数字和大小，人类的头脑还能理解什么呢？只有这些我们才能理解得正确，而且如果虔诚允许这么说的话，我们在这方面的理解力与上帝的理解力是同一种，至少就我们能在这尘世理解的程度看，的确如此。[32]

这种信仰的证据在 16 世纪比在之前的任何一个世纪积累得都要更加迅速。

第二部分

点燃那根火柴：视觉化

科学技术的发展与人们发明方法的能力成正比，借助那些方法，原本只能通过触摸、倾听、品尝和嗅闻感知的现象，现在也被纳入视觉识别和衡量的范畴，因此它们就成了逻辑上的符号化的主体，如若没有这种符号化，理性思考和分析就不可能。

小威廉·埃文斯，《论视觉的理性化》（1938）*

第七章

视觉化导论

眼睛是天文学大师。它撰写宇宙志。它为所有的人类艺术提供建议、做出修正……眼睛把人们带到世界的不同地方。它是数学王子……它创造了建筑学、透视和绝妙的画作……它发现了航海。

达·芬奇（1452—1519）[1]

16世纪，一种新的文化在西欧蓬勃发展，尤其是在西欧的城市之中，正如勃鲁盖尔在他那幅《节制》版画中所赞颂的，我们在第一章讨论过。每个小时都是均等的，地图绘制者们以弧度为单位描绘地球表面，而像莎士比亚笔下的凯西奥和夏洛克这样野心勃勃的人，尽管在计算没那么大的交易时可能还是靠掰掰手指，但在进行重大交易时，他们会用印度-阿拉伯数字进行计算和记录，而且他们越来越多地使用印度-阿拉伯数字来思考。

　　以上种种，于我们而言已属稀松平常，但这只是因为我们是凯西奥和夏洛克的直接继承者。我们被自己的"常识"蒙蔽了双眼，意识不到那种催生了我们用量化方法看现实世界的心态变革是如此重要。在勃鲁盖尔之前的半个世纪，"西欧人格"（如果我们可以谈论这样一个实体的话）中量化的特征其实是退步的，而且以现代视角看来，甚至有些匪夷所思。在测量中，数十种因素都可能凌驾于对数值清晰性和准确性的要求。举例来说，就连罗杰·培根这样杰出的思想家和数学家，也极其热情地投身于对超自然的追求，他甚至认为"693"这个数字非常接近《启示录》中所说的野兽的数量。单位量的大小不仅因地区而异，正如你会在一个去中心化的社会中预期看到的，甚至在同一个地区的不同交易之间也存在差异。一蒲式耳燕麦和一蒲式耳容积的篮子所装的燕麦差不了多少，但这一蒲式耳燕麦若是要送给领主的，那很可能就是满满的一蒲式耳，如果是给农民的，则可能装得连篮子的边都不到。[2] 这种差异（大到足以引起现代经济学家的厉声抗议）并非在欺骗，它和俗话说的"卖肉的压秤"不一样，相反，这是正确而恰当的做法，就像夏季白天的一小时长而冬季白天的一小时短一样。

　　在我们看来，对现实进行量化评价的优势是显而易见的，但在这种评价方式出现的早期阶段，情况并不一定如此。市镇的钟都贵得离谱，也极不准确，每小时都会快或

慢几分钟，而且经常说停就停。[3] 最初的航海图，都是徒
手画的海岸线草图，对水手而言，这类图几乎没有什么查
阅或者做标记的价值，在当时或在之后很长一段时间里，
它们充其量是个补充，出海主要依靠的还是传统中的口头
或书面航行指南（导航手册；在英国叫"航迹图"），其中
不仅有罗盘方位和距离的信息，还能知道锚泊地，港口水
深，潮汐情况，是泥港、沙港还是石头港，以及海盗会在
何时何地出没，等等。[4] 向定量测定和定量程序的转变，
在其最初的几个阶段，并非如我们可能认为的那样是完全
理性的，要知道我们是通过连续几个世纪的习惯性量化思
维来看待这件事的。这种转变可谓潜移默化，却是心态上
的一场巨变。

要论对中世纪晚期西欧艺术、音乐、文学和礼仪的熟
悉，20 世纪上半叶的学者中，没有谁比得过约翰·赫伊津
哈，这位历史学家的敏锐度放在任何一个时代也是数得着
的，他在更大的维度上感知到了这种变化：

当中世纪行将就木之际，人们心智的基本特征之
一就是视觉占据了主导地位，这种主导地位与思维的
萎缩密切相关。思想开始以视觉图像的形式存在。一
个概念如果想要给人真正留下深刻的印象，就必须有
可见的外形。

作为研究所谓高雅文化的学者，赫伊津哈认为，西欧文明曾经催生了但丁和圣托马斯·阿奎那，却在其后几代人的时间里再也没诞生过类似地位的诗人和哲学家，这恰恰说明这种文明的演变实际上在走下坡路。赫伊津哈发现，在14世纪和15世纪的文学作品里，人们越来越痴迷于肤浅的表面细节，日益偏爱散文而非诗歌，因为前者对精确的物理描述来说是更有效的体裁。他对傅华萨这位无与伦比的百年战争编年史家不屑一顾，认为他的"灵魂不过是照相底片"。[6]

从傅华萨往前跳过一个半世纪，并再次审视勃鲁盖尔的《节制》（图1）。请注意，画上的人（除了中间靠右的辩论者和左上角的演员）实际正在做的一切——测量、阅读、计算、绘画、歌唱——都与视觉有关。甚至歌手也在阅读，而阅读的目的是要知道他们必须发出怎样的声音才能更悦耳。

向视觉的这种转变就是第三章提到的"划火柴的那一下"，在前面，我们没有把它归为导致中世纪晚期和文艺复兴时期出现量化潮的那些"必要但不充分的原因"之一。高雅文化发展的几个最高峰时期倒是有些它的蛛丝马迹。例如，15世纪欧洲文艺复兴初期的审美家马尔西利奥·费奇诺曾写道："没有什么比光更能充分揭示善的本质了"，而且他称光是"上帝的影子"，这是文艺复兴时期最引人注目的一个比喻。[7]

　　启发费奇诺发表上述言论的是宗教思想与美学思想中发生的转变，而这种转变恰恰说明，支持和托举高雅文化巅峰的那种普遍态度正在式微。在其中，这种转变以一种新的方式表现出来：人们不再那么多地思考无限和不可言说之物，而是侧重于对有限的日常现实事务的观察和处理。

　　转变在人类活动的许多领域内都出现了，我们将在接下来的三章里看到。让我们先从识字开始。首先分析识字，倒不是因为它就是那个关键原因，许多族群读写水平很高，但这并未改变他们对物理现实的基本理解方式，而且事实上，在中世纪的欧洲，识字方面的进步也没有比其他领域的进步出现得更早。之所以让它打头阵，是因为识字至少既是原因也是结果。此外，识字显然与视觉有关，而且人们普遍认为识字很重要，因而它也是有说明作用的。识字并不一定为西方基督教世界指明了道路，但它可以为我们指出方向。

　　用铁笔、羽毛笔和墨水交流和保存信息的做法，在13世纪特别盛行。教皇英诺森三世（1198—1216）一年最多派送几千封信；教皇卜尼法斯八世（1294—1303）则多达五万封。1220年代末，英格兰的皇家衡平法院每周平均使用3.63磅蜡来封印文件，而在1260年代末，这个数字就达到了31.9磅。[8]一个曾经主要靠耳朵传导权威的社会——倾向于背诵《圣经》经文和早期教父的箴言，而且即使昏昏欲睡，也要重复那些神话和史诗——开始变成由眼睛这种光线接收器来统治的社会。audit（"审计"）这个词 [与audible（"听得见的"）和 auditory（"听觉的"）是同根词]，其本意是通过聆听证词来审问，之后却开始了一段奇异的旅程，几乎没什么意外，其含义变成了通过静默无声的阅读来审查。[9]

　　几个世纪以来，继承了罗马字母表的那些人一直认为他们快速、舒适、安静地书写和阅读的能力是理所当然的。事实上，情况并非一直如此。古代晚期和中世纪早期，写和读是很困难的。方便简单的草书手写不可避免地还有一些起笔连写的笔画，但对抄写员来说，他们在大多数情况下是一个字母、一个字母分开书写的，这个过程几乎可以说是痛苦了。尽管抄写员使用铁笔和蜡板可以快速记录口述内容，但将其誊写到那些更耐久的材料上是相当费力的。

　　阅读同样很费力：单词与单词之间很少有或者几乎没有间隔，即使抄写员的确在单词后面留了空，但他们也不是在每个单词后面都留，而是在他们觉得舒服的地方留空，完全不考虑读者方便与否。句子或段落之间也必然没有分隔；标点符号即使有，也不会很多。[10]

　　写作无非就是在纸上说话，所以毫不奇怪的是，古代和中世纪早期那些有读写能力的人在书写和阅读时一般都要大声念出来。这也是为什么圣奥古斯丁认为有必要向我们解释他的导师圣安布罗斯（St. Ambrose）是如何阅读的：

"阅读时，他的双眼扫视着页面，他的心在探索其中的含义，可他不会出声，舌头也不会动。"奥古斯丁给出了解释，他猜测最可能的原因是，这位年长的圣徒在保护自己容易变得嘶哑的嗓子。无论安布罗斯的举止为何如此古怪，奥古斯丁"都肯定这是一个好行为"。[11]

当然，也有一些无声的阅读：尤里乌斯·恺撒读情书时就能做到这一点，圣奥古斯丁读"保罗书信"时亦是如此。但大多数时候，写作者们都在喃喃自语，而读者们则在大声喊叫，缮写室和图书馆都不安静，甚至很嘈杂。虽然大声书写和阅读都很慢，但我们应该注意到，这可能对读者有帮助，因为耳朵比眼睛更能指示一个单词或一句话在何时开始又在何时结束。然而，事实仍然是，无论技巧有多娴熟，比起在雪坡上滑行，阅读更像踩着高跷走路。[12]

西欧那些受过良好教育的人有狭隘性，而且普遍缺乏相应的文化修养，他们受此驱策更易、改进了罗马晚期的书写字体，以及与读写相关的一般规则。罗马人可能很了解拉丁文，所以不必在单词之间留空——他们当然不必借助词语之间的区隔来了解该如何读，但对那些位处基督教世界那淫雨霏霏的边陲的萨克逊教士和凯尔特教士来说，情况就不是如此了。罗马时代和中世纪早期，作家和读者的读写负担可能没那么重，因此没有尝试草书体的必要，也不必将就着用某种方法提高阅读速度。但在西方中世纪的鼎盛时代，有读写能力、受过良好教育的人则恰恰相反，他们要知道古代世界的大量经典、《圣经》、教会法、天主教早期教父们的著作、经院学者附随其后的没完没了的注释，以及从教堂和王室机构涌出的海量文件，这些都让他们既胆怯，又兴奋。

到 14 世纪初，他们已经发明了新颖的草书体，还使用词间空格和标点符号，这就使得抄写者能够写得更快，读者也能读得更快。可怜的查理曼从来没有学过书写，尽管他枕头下面一直放着写字板，好在空闲的时候练习写字。查理五世（正是他为自己的首都巴黎建造了那座时钟，以确立正确的时间）则已经能用自己的手书修正自己信件的草稿，并在上面签名。[13]

手写的哥特体或黑体字 [其更晚近的形式是尖角体（fraktur）*] 传遍西欧，经常取代地方的书写字体。尽管罗马字体最终取代了它（在德语地区进展缓慢），但是——人们可能会正确地指出——正是哥特字体为古腾堡的活字模面提供了参考样式。[14]

新的阅读方法出现并传播开来，借助这种方式，视觉化的习惯，连同它特有的包容和排斥，在西方人的心智中占据了更牢固的地位。到 13 世纪，默读在修道院和主教座堂学校就已经极其普遍了，这种方法不仅快，从心理上讲也面向内心和灵魂。此外，它还蔓延到了法庭和账房。

———————————

* 即花体字。

一幅留存至今的 14 世纪袖珍画像上，查理五世坐在他那堪称第一座真正的皇家图书馆里，他不是在聆听某人阅读，而是独自一人，紧闭双唇默读。14 世纪以前，在绘画作品中，上帝和他的天使还有圣徒总是通过言语与人类交流。1300年之后不久，一本以英国人用的法语写的祈祷书上画着的圣母玛利亚，正在指着书里的单词。要是放到今天，那画的应该就是圣母玛利亚指着一台计算机的屏幕了。

在接下来的世纪里，各所大学规定——索邦神学院是通过习惯法，牛津大学和昂热大学分别是在 1412 年和1431 年通过规章制度——图书馆，这个曾经空间很小且像餐厅一样嘈杂的地方，不仅要建得更大，也要保持安静，也就是说，保持安静与领会书中文字，两者同时进行。[15]于是，阅读成了静默而迅速的：如此便可以细读更多内容，也许还可以学到更多。阅读变成了一种更加个人化——且可能是异端——的行为。

那些认为书面文字已经摆脱了言语束缚的人，也在可视化领域开始了其他大胆的尝试。最初的尝试出自一些非常聪明的个人之手，而在像赫伊津哈这类博学文化的颂扬者所评定的行业和职业等级中，他们要比诗人和哲学家低不止一个档次。我们已经提过其中一些创新者，例如钟表匠和海图制作者。这些人只不过是工匠或水手，他们中很少有人会写下自己正在做的事，或争取那些文字会传世之人的认可。（沃林福德的理查德不算是一个例外：他是钟表匠，更是修道院院长。）除非在古代档案和阁楼中有奇迹般的发现，否则我们对第一批钟表匠和海图制作者的了解不会比现在更多。

幸运的是，另有一些具有相似认知的人，我们对他们有更多的了解。这些人都有资助者，而资助者的声望让他们在历史上占有一席之地，另外，像奥雷姆、彼特拉克和卢卡·帕乔利对他们的赞扬或至少是剽窃，也有助于其在历史上留下痕迹。此外，这些人的作品也为后世所推崇和传承。

我说的是那些作曲家、画家和簿记员。他们热衷于以视觉化和量化的视角来看待与他们职业相关的事情；而且，尽管被新柏拉图主义的胡言乱语搞得晕头转向，他们也不能止步于猜测。他们必须实际地做些什么，例如唱歌、画画，或者平账。做这些事涉及计数，也就是说，将现实理解成由可以且应当计数的单位量组成，而这也是这些古代工作者今天仍然存在于我们生活之中的原因。

第八章

音乐*

> 如今人人都知道，人类，作为其造物主的拙劣模
> 仿者，最终发现了不为古人所知的复调歌唱艺术，也
> 就是说，在不到一小时的时间里，通过许多声音的精
> 美和谐，人类可以演奏出所有被造时间中蕴含的永恒，
> 并且在某种程度上，人类还能一尝上帝这位工匠所享
> 有的满足感。
>
> 约翰内斯·开普勒（1618）[1]

西方音乐发展的若干特定条件中，最重要的，就
是发明了现代记谱法。我们现在使用的这种记谱法，
对于我们现在所拥有的这种音乐的出现的重要性，要

---

* 本章的写作受到 Géza Szamosi's "Law and Order in the Flow of Time: Polyphonic Music and the Scientific Revolution," *The Twin Dimensions: Inventing Time and Space* (New York: McGraw-Hill, 1986) 的启发。（原书注）

比正字法对于我们语言艺术的形成而言更加根本。

马克斯·韦伯（约 1911）[2]

音乐是一种随着时间运动而在物理上可测量的现象。音乐是一种普遍人性：创作音乐的倾向，如同说话的倾向，就存在于我们的神经系统中，因此在评估各种社会和各个时代时，音乐都是重要的材料。[3]

如果我们想要研究中世纪和文艺复兴时期欧洲人在认知现实时持有怎样的时间感，那最好的办法就是研究他们的音乐。像古希腊人一样，这些欧洲人认为，音乐是现实世界基本结构的一种流溢（emanation），甚至是这结构的一部分。作为中世纪最受欢迎的百科全书作者，塞维利亚的圣伊西多尔写道："若无音乐，就不可能有完美的知识，因为一切都离不开音乐。就连宇宙也被说成是借助某个具体的声音和弦而被组合在一起的，而诸天都是在该和弦的指引下运转的。"[4] 一千年后，约翰内斯·开普勒问道："哪个星球唱的是高声部，哪个唱的是中声部，又是哪个唱的固定声部和低声部？"[5]

让我们从西欧最早的书面音乐，即教会的素歌（plainsong）开始，尤其是格列高利圣咏。按照神圣的传统，公元 590 年到 604 年之间担任教皇的格列高利一世，被认为创作了以其名字命名的礼拜圣咏的主体部分（或者，正如很久之后的描述，他是在化身白鸽的圣灵的口头指导下写出来的）。事实是，在他登上教皇宝座之前，已经有大量圣咏存在了，而且他也没有掌握创作音乐的有效方法。与这位伟大的教皇同时期的圣伊西多尔曾写道："除非声音能被人们记住，否则就会消亡，因为它们无法被记录下来。"[6]

第一个基督教千禧年的最后几代人的时间里，欧洲人还是凭记忆来演奏礼拜音乐。考虑到错误的记忆、地区间的差异，以及个体品味差异，无论是圣咏的歌词还是具体的表演，肯定多有出入和不一致的地方。举例而言，看一下英格兰史蒂拿哈克修道院（Streanaeshalch）的凯德蒙修士（Brother Caedmon），他在经历了一番异象后，将自己所知的一切，包括对上帝和从创世到世界末日的历史，"像某种洁净的动物反刍一样"，编成了盎格鲁-萨克逊式的韵文，并配上他自己创作的音乐或者也许是当时流行的旋律。毫无疑问，他的诗中有异教因素，而且在他的旋律和节奏中也存在大量异教因素——我们大概可以使用"部落的"（tribal）这个词。[7]

另一方面，也有一种相反的倾向，即跟一个传统保持一致并不断向其汇集。向上流动的乡下人倾向于认为，有且仅有一种正确做事的方法，尤其是当来自教省首都、穿着白色法衣的视察者这么告诉他们时，这种想法就更强烈了。被称为史蒂文（Steven）的埃迪（Eddi）是诺森伯兰郡众教堂中第一位歌唱大师，他"堪称罗马圣咏最专业的代表人物，师从神圣格列高利教皇的学生"。[8] 正是这种以埃迪为代表并由加洛林文艺复兴所放大的趋势，推动了我们所说的格列高利圣咏的收集和编纂，并促使教士们发展出一种音乐记谱法。

格列高利圣咏是罗马天主教祷告文的歌唱版本。它是单声部的，在音高、响度与柔和度上缺乏戏剧性的对比。圣咏最能打动 20 世纪听众耳朵的特点就是缺乏韵律（甚至对没什么文化修养的人来说，它连节拍都没有）。与我们大多数人听过的所有音乐一样，格列高利圣咏具有完美的非平均律（immaculately nonmensural）。其乐谱的结构取决于拉丁语的语流音变、祷告文中某句话的含义，以及礼拜仪式超脱尘世的性质。[9]

它不是量化的声音。例如，在音节式的圣咏中，每个音节都对应一个音，音唱多久取决于特定音节需要持续多久。这个音不一定与其他音有精确的倍数或分数关系；音本身想唱多久就多久。[10] 我们可能会发现，格列高利圣咏就是仅由其内容衡量其时间的明确范例。（在第九章有关绘画的内容中，我们会遇到一种空间，它的大小取决于其包含的东西。）

到基督教第一个千年的最后一个世纪左右，需要背诵的圣咏越来越多，甚至十年的学徒生涯也不足以掌握这门特殊的技艺。同一时代有人曾写道："无论何时，如果一个歌手的记忆出了错，哪怕是经验丰富的歌手，那他也只能从听众开始，重新学过。"[11] 如果没有人比他的记忆力更好的话，那他又该去听谁唱呢？

　　西方的一神论者——中世纪早期他们在多神论和万物有灵论信徒中努力确立一神论信仰——确信做事情只有一种正确的方法，每一首圣咏只有一个正确的版本：他们需要把音乐记录下来的方法。修士们发明了纽姆记谱法。在几代人的时间里，这种记谱法也只不过是一系列符号，它们衍生自古希腊语和古罗马语中表示书面语的尖音、抑音和抑扬音的先行词，与其说与时间有关，不如说与相对音高有关。我们所说的尖音指的是音高的上升，抑音是音高的下降，而抑扬音则是音高的升降。这些符号，加上表示声音微妙变化的圆点和花饰旋曲被称作"纽姆"（neume），这个词来源于希腊语，意思是符号，或更可能是呼吸的意思。这些符号不一定与单个音有关，而是与经文的一个音节有关。[12] 纽姆之于音，就像单词之于音素；也就是说，有时候二者之间的关系是一一对应的（就像在"a"这个单词中一样），而有时候是一对二、一对五，或你想要的任何数量（比如在"appreciate"这个单词中，就有许多音素），或者根据所需的音乐效果，对应于任何分数关系。纽姆记谱法不是定量的。

　　在继续讨论我们主要感兴趣的问题，即音的持续时长或时值之前，让我们先考虑一下标记音高的问题。最初，纽姆符号是在"开阔地带"（in campo aperto）书写的，也就是说，没有谱线，这种情况到了后来也经常出现。符号的高低位置提示了相邻音或乐句之间的音高关系。没过多久，修道士们就自然地在纸上画了一条水平线，之后又画了几条，方便识别高音和低音。它们离音乐的五线谱越来越近，一开始只有四条水平线，之后就有了五条。这些线以及线与线之间的空间，再加上一些额外的标记，使得抄写员能够指示出并能让表演者看到各个音之间的相对音高。[13]

五线谱是欧洲的第一张图表。它从左到右衡量了时间的流逝，也根据从上到下的位置标定了音调。除了字母表和算盘之外，经院学者和大多接受过正规教育的人也都了解这种音乐图表。奥雷姆对运动的几何刻画（参见第三章图 3）可能改编自五线谱。（然而，欧洲人直到 18 世纪才充分利用这种方式来表示物理现象，一位数学史家称这种迟到是"不可理解的"，甚至是"不可原谅的"。）[14]

过去，五线谱的发明被归功于 11 世纪一位本笃会唱诗班指挥——阿雷佐的圭多，他曾哀叹，每日祈祷时，"我们经常做的似乎不是赞美上帝，而是在与自我做斗争"。[15]尽管既不是他也不是其他任何个人发明了五线谱，但他似乎是第一个为五线谱确立标准并进行广泛推广的人。他和其他人甚至还给五线谱的每条线都标记了颜色，以尽量避免混淆音程。[16]

听觉敏锐的歌手通过训练就可以借助一把单弦琴识别特定的音程，他们会来回滑动琴桥，并将听到的音与音板上代表几个音高的标记位置发出的音进行比对，进而做出判断。不过，这会花很长时间，而且并不总是有效。机智的圭多注意到，五线谱上标记的从低到高的上升音调，按顺序看，与一首人们最熟悉的赞美诗乐句中的头几个音节——匹配，也就是那首有着四百年历史的《你的仆人们》（"Ut Queant Laxis"），一首为施洗约翰的节日而唱的圣咏：

> Ut queant laxis Resonare fibris
>
> Mira gestorum Famuli tuorum
>
> Solve polluti Labii reatum
>
> Sancte Iohannes.

如果你熟悉这首赞美诗的旋律，那你就会知道 ut、re、mi、fa、sol 和 la（上面的着重号部分）对应的音调，这意味着现在看乐谱的时候，脑子里想的和眼睛看到的是相匹配的。圭多夸口说，如果用了他的方法，那么培养一名优秀的教会圣咏歌手的时间将大大缩短，以前需要十年，现在只需要一两年。他认为，他和他的助手为音乐家们贡献良多，甚至"出于感激之情，许多人将为我们的灵魂祈祷"。[17]

　　虽然他这种方法的最终命运远远超出了本书着意的时期，但为了善始善终，有必要离题说几句。后来的几代人用 do 代替了 ut（大概是因为后者以不可唱的 t 结尾，而前者以可唱的元音结尾），并添加了 si 这个高音，来自《你的仆人们》最后两个单词"Sancte Iohannes"的首字母，如此一来，现如今我们数亿人正式认识音乐的第一天就记住的音阶——do、re、mi、fa、sol、la、si——宣告完成。[18]（最新的变化是把 si 变成了 ti，至少在美国是这样。）

圭多生前，音乐既需要新的教授方法，也需要新的理论。他说音乐最好能两条腿走路，一是实践，二是理性或智慧。[19] 后者大大落后于前者。教会音乐不仅在数量上有所扩张，大大超越了人类的记忆力，而且在种类上也出现了许多变化。在公元 9 世纪前，格列高利圣咏是一个神圣不可改变的的整体，但允许在某些圣咏的结尾处插入或者附加新内容（附加段），赞美诗也从圣咏中分出来。早在公元 860 年，就有人在一段传统的圣咏旋律之上插入了附加段。起初，类似的插入会与圣咏以完全相同的节奏行进，它们完全平行，仅差几个音，这本身可能只是一个小小的创新，却为其他人打开了闸门。[20] 几代人之后，圣咏的音 [限于较低的声音，即固定声部（*tenor*，这个词来自拉丁文 *tenere*，即"持续"）] 持续时间越来越久，到了最后，如果不从礼拜仪式的角度，而从音乐角度看，它们听起来就是那种持续的低音。固定声部用来演唱定旋律（*cantus firmus*），起初它总是一首圣咏，而后来有时会是一段新的甚至是世俗的旋律。就这样，在尊重传统的同时，高音成为可能，之后更高的声音便有了大展拳脚的机会。[21]

　　此类复调音乐的第一批大师中，有我们知道的莱奥南（Leonin）和佩罗丹（Perotin），他们生活于 12 世纪末和 13 世纪初。他们的作品是第一批专门创作的音乐（而非逐步发展出来的），而这些音乐作品均留下了手稿副本。他们的音乐很复杂，高音在厚重且近乎恒定的定旋律基础之上行进和反行进，与格列高利圣咏的单调乏味相比，实在令人惊叹。即便没有记谱法和乐理方面的根本性的发展，这些作品也努力将西方音乐带到了更远的地方。

　　莱奥南和佩罗丹的作品在创新方面不亚于哥特式大教堂。这些作品很可能是在最宏伟的哥特教堂之一——巴黎圣母院中首次演出的。当从格列高利圣咏的单调向复调音乐的复杂前进之时，西方音乐也从修道院和乡野走进了大教堂和城市，也就是说，它进入了大学和市场的所在之处。从 12 世纪到 14 世纪，巴黎都是许多事物发展的中心，其中就包括西方复调音乐。在这个阿伯拉尔、大阿尔伯特和圣托马斯·阿奎那执教过的地方，音乐家们察觉到了一种变革或至少是重估（reassessment）的可能，同时，也感受到了一种全新而严谨的逻辑和秩序感。在城市的纷乱喧嚣之中，音乐家们即便塞住耳朵，也仍然可以清楚地听到从在教堂庭院和街道跳排舞和圆舞的人们那里传来的音乐。流行的卡罗尔舞曲（carole）极易迷乱心智，无论是谁，如果听到后却没有告诉自己的告解神父，那就会自动招致十八天的炼狱之苦。13 世纪早期，流行旋律和节奏的痕迹开始出现在教堂复调音乐的高音中。[22]

　　在城市，音乐家同商人和货币兑换商交往频繁，这给他们带来了实践和思想上的实际影响。现金交易经济的兴起意味着，教堂里优秀的圣咏歌手和复调歌手可以收取费用了，甚至可能像职业音乐家一样凭此勉强维持生计。随着他们唱得越来越多，其歌唱技巧也得到了提升，而且他们沉迷于传统主义者所谓的"卖唱音乐和靡靡之音"，也就是像花腔（*longa florata*）和混音（*reverberatio*）这样的装饰音，即便在唱圣咏时也是这样。虽然熙笃会的修士们把他们的圣咏改得和他们的礼袍一样没有个人主义色彩，但其他人顺应了潮流。[23] 当时和现在一样，表演和创作方面的精湛技艺，对成功的音乐家来说，是最大的诱惑。

　　在巴黎这个西方文化革命的震中地带，音乐家们迈着圭多的两条腿大踏步前进，一开始是莱奥南和佩罗丹，之后就是理论家登场了。如果我们要做的是齐唱，那么开始、演唱和停止这一系列动作就不难。如果我们打算以复调形式演唱——也就是说，有多个独立的旋律，那么一起开始会很容易，但开始之后所有的一切都将立刻陷入混乱。我们需要稳定的形式和一位临时"独裁者"的指引；我们需要知道自己的演唱要往什么方向发展，以及以何种节奏行进。从某种程度上说，礼拜仪式提供了形式，但这又能满足那些复调音乐的青年才俊多久呢？莱奥南和佩罗丹以及他们的无名同侪（可能还有街头卖唱的人）提供了圣咏中缺乏的东西，即时间控制和节奏度量。

音乐属于"七艺"之中的"四学"，而"四学"是中世纪所有高级学者都要接受的训练。其首先包括算术、几何以及天文，这几样可以理解为数学，还有就是音乐，而我们可能会觉得音乐和前几种并列很奇怪。但是，从毕达哥拉斯到勋伯格的一众理论家都认为，音乐这一关乎音高和时值之事很容易受到数学分析的影响。音乐影响了人们对量化的一般态度，也影响了他们对数学与现实之间关系的理解，这种影响十分巨大，因为"四学"之中，只有音乐的测量结果具有直接实际的应用价值。14 世纪保守的雅克·德·列日（Jacques de Liège）嘲笑实践型的音乐家就像动物，在不知道比例的情况下生硬地演奏音符，[24] 但他那些进步的同侪则很注重实际的表演。他们承认，实践可以且应当影响理论，尽管后者的核心永远都是数学的。[25] 正是这种实践和理论相互交织的特征，使音乐在思想方面具有了普遍意义。

中世纪的理论家都读过波爱修斯（Anicius Manlius Boethius）的著作，他可以说是西方从公元 500 年左右他生活的时代开始一直到 12 世纪托莱多翻译院成立这段时间中，有关古代文明最重要的知识来源。在经院哲学家中，他在音乐方面享有主要权威的时间最久。他的著作《论音乐原理》（*De institutione musica*）甚少包含音乐实践的内容，却有大量关于和声、音程以及比例关系的数学分析。[26] 这部著作与音乐的实际创作没什么关系，就像他有关数字理论的著作与在市场上讨价还价没什么关系一样；但是，这部著作非常值得尊重，而且在思想上也很严谨，为此后的音乐理论发展奠定了狭窄但很坚固的基础。

从 13 世纪初开始一直持续到 14 世纪，一对额外的影响力量引导西方音乐走上了新的道路。正如我们已经看到的，复调挑战了传统，而亚里士多德全集的翻译也激励了整整一代哲学家重新思考几乎一切事物。其中一些哲学家就是乐理学家。利用第三章提到的经院式的释义和逻辑技术，他们为西方文明建立了正统音乐的基本结构。他们在技术上是经院式的，而且他们中的多数乃至全部，都或多或少与巴黎大学有关系。

可以有把握地说，1260 年到 1285 年这一时期的巴黎，代表了西方中世纪文明的顶峰。国王路易九世和菲利普三世在巴黎统治，法国繁荣昌盛，而多明我会修士穆尔贝克的威廉（William of Moerbeke）全新翻译的亚里士多德著作也出现了并成了标准译本。圣托马斯·阿奎那、圣波拿文都拉，以及激进的阿威罗伊主义者布拉班特的西热，他们都执教于巴黎大学。当时，约翰内斯·德·加兰迪亚（Johannes de Garlandia）、兰伯特斯（Lambertus）、科隆的弗朗哥（Franco of Cologne），以及两位我们只知道叫"1279 年的无名氏"（Anonymous of 1279）和"无名氏 5 号"（Anonymous IV）的绅士，都曾写过与音乐相关的著作。

这五个人都使用了经院哲学的概念和术语，以及经院哲学的辩证分析，特别是提问辩难（*quaestio*），即陈述一个问题，引经据典给出可能的澄清阐释，然后给出解决方案。[27]

例如，约翰内斯·德·加兰迪亚就将音乐划分再划分，先是分成不同类型，而不同类型下又分不同种类，如此等等。其中一个类型是有量音乐（mensural music），他又将其划分为迪斯康特（discant）、考普拉（copula）、奥尔加农（organum），等等。在以典型的经院学派风格将各个话题与他想要谈论的主题统合成一个整体之后，他就对这些话题展开了细致的分析，通常来说，它们都是数学分析。他比之前的任何一位理论学家都更关注"古艺术"（*ars antiqua*）、佩罗丹的音乐，以及巴黎圣母院乐派提出的节奏韵律（时间安排）问题。他甚至还引入了表示不同休止时间的休止符：休止符不是指示声音的符号，而是指示不存在声音的符号。这里值得一提的是，"零"这个表示某种东西不存在的奇特印度—阿拉伯符号，此时已经在西方广为流传了。

科隆的弗朗哥（他和约翰内斯可能认识）带领其读者经历了大致相同的过程，而且他还编纂并规范了一套记谱系统，为所有音符和休止符规定了时值，甚至还坚持给不好把握的连音线（ligature）也设定了明确的时值。我们来举个例子说明他的实际贡献。他宣称音乐记谱法中有四个单音符号，分别叫作倍长音符（duplex longa）、长音符

（longa）、短音符（brevis）、倍短音符（semibrevis）。它们相互之间是严格的倍数或分数关系。短音符的时值要么是三个中拍（tempora）（"完全的"），要么是两个中拍（"不完全的"）。[28]（三个中拍的短音符之所以是"完全的"，大概是因为其呼应了三位一体。）[29] 不同音符的时值并非像 1 英寸（一个拇指的宽度）、1 英尺（十二个拇指的宽度或人脚的长度）[30]、1 码（三个步脚长）和 1 弗隆（一条犁沟的长度）那样是自然的和经验性的，而是逻辑的和抽象的，它们预示着公制系统的形成。

乐理学家将音乐家在 1200 年左右已经发明的东西进行了确认和体系化：时间不是其内容，而是独立的量尺，借助时间，你可以测量事物的存在甚至是不存在——抽象的时间。科隆的弗朗哥是这样说的："时间既衡量存在的声音，也衡量声音的缺失。"[31] 时间衡量内容，而不是内容衡量时间。这种时间具有计量单位，就像在米尺中能看到厘米。基本单位被称为 tempus（复数形式为 tempora）。一个 tempus 有多长？大约在 1300 年，约翰内斯·德·格洛奇奥（Johannes de Grocheio）从实际效果的角度做了定义。他说，tempus 是"最小音调或最小音被完全呈现或可以被呈现所需的时间间隔"。[32]

西方已经走到了某个岔路口：音乐理论家在论及音乐时，仿佛认为音乐是要被思考的对象而非只是聆听的对象——除了极少数例外，其中最著名的是好为人师的圭多。

他们开始一方面请教真正的音乐家，另一方面也开始查阅亚里士多德和波爱修斯的著作。例如刚才提到的约翰内斯·德·加兰迪亚，他不屑于传统权威，反而推崇世俗的作曲家，他既关心非宗教的单声部音乐，也关注宗教的复调音乐，而且既从演奏角度考虑音乐，也从数学角度思考音乐。[33] 一位音乐理论学家和史学家认为，有些中世纪的理论家并非真正的理论家，而是"教师-报告人"。[34]

大约 1200 年，"古艺术"时期的音乐家们量化了声音和沉默，这比西方第一台机械时钟出现早了半个到一整个世纪。理论家们则在机械时钟发明前后的若干年里，证实了音乐的量化并使之系统化。他们既看重数学比例，也尊重声音对耳朵产生的实际效果，为所有正统西方音乐奠定了基础。[35]

音乐家利用有量音乐的准则来发挥自己的才智。抽象时间中的声音——也就是说，写在羊皮纸或一般纸张上的声音——可以被划分为若干部分，前后倒转，上下倒置，就连那"驮载"高声部的固定声部，也可以活泼起来。例如，有人在 13 世纪创作了一首奥尔加农，其中，固定声部偏执地强调 Dominus（"天主"）这个神圣的词，不过是反着唱的，也就是唱成了 Nusmido，而神圣的格列高利旋律也是从后往前唱的。[36] 某位更大胆的作曲家写了一首经文歌（不幸的是没有注明日期），名为《天主啊！我怎么能离开这生活 - 噢，荣耀女王》（*Dieus! comment porrai laisser la vie - O regina glorie* ）。这首歌的固定声部唱的是传统的圣咏，中间声部赞美圣母玛利亚，而高音声部则宣告：

> 天主啊！我怎么可能会远离我的伙伴抛弃巴黎的生活呢？永远不会，这些伙伴太可爱了。他们聚在一起时，每个人都会让自己开怀大笑、嬉戏、歌唱。[37]

对"自我"的态度发生了改变，人们开始相信自己或许可以比那些已经封圣的前辈做出更大的成绩，而这样的态度通常只会与之后的意大利文艺复兴联系在一起。音乐家们形成了新的自我意识，而且自觉地开始积极进取起来——这在圭多的时代是不可想象的，甚至在莱奥南和佩罗丹那个时候也不可思议。菲利普·德·维特里就是其中一位杰出的作曲家和理论家，他 1291 年 10 月 31 日出生于巴黎，于 1361 年 6 月 9 日去世。（请注意，有关个人的信息如此精确可不是中世纪的风格。）大约 1320 年，一部名为《新艺术》（*Ars nova*）的专著出现了，很可能是他写的，论述的就是书名中提到的"新艺术"。大约就在这个时候，数学家、天文学家和音乐理论家约翰内斯·德·穆利斯（Johannes de Muris）写了另一部著作，与菲利普的那本名字差不多，叫《新音乐艺术》（*Ars nove musice*），可能比《新艺术》还更有影响力。这可能是音乐历史上的第一次，音乐家们主张甚至公开宣称：他们正在有意做出改变，音乐正在向前发展。[38]

约翰内斯·波恩（Johannes Boen）在 1355 年左右就音乐表演中的创新发表意见，抛出了一个与中世纪观念极其相悖的观点，他认为可能永恒的变化才是常态。他相信，也许新的声音和技术会"借助新的乐器和声乐技巧而被听到"。毕竟，在毕达哥拉斯之前，没有"像我们这个时代那样精妙的歌唱"。历史学家通常认为"进步"这个概念是在 14 世纪之后很久才出现的，但要给波恩写的有关"新艺术"的著作另起一个名字并不容易。[39]

"新艺术"时期的音乐家们认为二分性节拍或说"不完全"拍子与三分性节拍或称"完全"拍子的地位相同。三分性节拍——每个短音符由三个 tempora 组成——在过去是如此正确，以至于二分性节拍——每个短音符由两个 tempora 组成——曾被认为是错误的，被认为只完成了三分之二。新艺术不仅认可了二拍子，而且创造了比之前正式承认过的时值更短的音符，这进一步冒犯了传统主义者。微音符（minim）是最短的音符，也是最具冒犯性的音符。音乐家可以在一个超长音符（longissima）里完成 81 个微音符。[40] 音乐理论家和历史学家丹尼尔·里奇-威尔金森（Daniel Leech-Wilkinson）评论说："很难想象音乐会发生如此迅速而重大的变化。"[41] 有关中世纪停滞不前的老调，这里就（再一次）不多辩驳。

"新艺术"时期的音乐家们和其他革命者一样，藐视他们的前辈，[42] 但历经许多个世纪，我们从局外人的视角来看，其实他们与自己的前辈有许多共同之处。新艺术的实践者们和波爱修斯一样渴望建立声音的体系结构，而这种渴望曾激发了奥尔加农和经文歌的发展，也启发了之后的寻觅曲（ricercar）、赋格曲和交响乐的出现。菲利普·德·维特里和他的同侪并没有狂热地作曲——就连单声部的曲子也没写过，但他们做了大量的精细工作。在更宏观的结构层面，他们分离了旋律和节奏，改变了它们的速度，又将两者重新组合（可以说是在"体外"进行的），之后又让这新的合成体再次出发，某个地方快一点，另一个地方慢一点。旋律型和节奏型在持续时间上不同，各自必须不断重复直到二者再次同步，由此获得的效果相当美妙。这些等节奏（isorhythmic）设计在固定声部中反复出现，也以各种形式出现在其他声部，它们服务于两个目的：将大型作品结合在一起，并取悦西方的第一代音乐鉴赏家。[43] 约翰内斯·波恩在 14 世纪时写道："这些规程看起来要比听起来容易得多。"[44]（强调为我所加。）

从公元 600 年前后圣伊西多尔悲叹"除非声音能被人们记住，否则就会消亡"，到公元 1355 年左右波恩说的话，西方音乐的变化比从波恩到斯特拉文斯基和勋伯格的变化还要大。[45] 6 世纪到 14 世纪，西欧发生了一件独特的事：音乐创作者能够在声音这一物理现象随时间运动时控制其精细的细节。[46] 作曲家学会了如何从实际时间中提取音乐，将其写到羊皮纸或一般纸张上，使其成为令人满意的符号和声音，反之亦然。如此，失聪的贝多芬才可能写下他最后的四重奏。

发明了西方有量记谱法的音乐家们是第一批认真思考绝对时间这一信念的人，而此后越来越多的音乐家认为绝对时间是不言而喻的真理，这样一种信念改变了对现实的认知，并促进了对现实理解方式的重组。例如，这一信念使得约翰内斯·开普勒——他对音乐和诸天都持续给予关注——有勇气在错综复杂的天文观测中，发现我们所知的行星运动第二定律，即太阳系中太阳和运动中的行星的连线在相等的时间内扫过相等的面积。[47]

并非所有人都喜欢新艺术。在复调音乐中，曾经指导歌唱礼仪方方面面的经文开始变得难以理解。早在1242年，多明我会的修士就反对在神圣事工中使用复杂的复调，而圣托马斯公开传播了其所在修会对此事的看法。在接下来的一个世纪里，雅克·德·列日对明智之人无法分辨新的经文歌中所唱的是希伯来语、希腊语、拉丁语或其他什么语言这件事感到十分愤怒。他问道："难道引入三拍子长音，在连音符里加入倍长音以及大量使用倍长音，还有单独使用倍短音符，给音符都加上尾巴……就可以说新艺术更加精巧吗？音乐本是谨慎、得体、简单、阳刚，并且有良好美德的；难道新派音乐家们没有把音乐变得无比淫邪吗？"[48]

1322 年，教皇约翰二十二世颁布了第一个专门处理音乐事务的教皇公告《神圣教父们的教导》（ *Docta sanctorum patrum* ）。他怒斥神圣事工的音乐被倍短音符和微音符"烦扰"，并被多声部的世俗旋律所"腐化"。多个声部"不停地东奔西走，这是在毒害而不是抚慰耳朵"，而且，"虔诚奉献这一敬神的真正目的几乎不被人想起，可本应戒绝的放荡却增加了"。他尤其讨厌复调中的分解旋律（hocket），这种技术是让一个声部先唱一个音符，而另一个声部休止，然后再迅速反过来。"hocket"这个词来自法语的"打嗝"（hoquet）和英语的"打嗝"（hiccup）。[49]

约翰二十二世禁止在教堂礼拜中使用堕落的复调，如此一来，教堂里演唱的新式音乐数量锐减，但音乐，无论新还是旧，都并非只与教会有关。总之，除了教堂，还有其他地方可以做音乐，不管是神圣的还是世俗的。在巴黎，音乐的创新事业从巴黎圣母院转移到了西堤岛上国王的西堤宫。在其他地方，贵族、红衣主教和约翰二十二世在阿维尼翁的伊壁鸠鲁派继承者们的私人教堂，成了新艺术和新实验的实验室。[50] 接下来的 15—16 世纪，是声乐复调史上，或许也是西方整个复调史上最伟大的时期——这也是诸如代数、三角函数、透视法和制图学等其他定量领域飞速发展的时期。

不过，就算是这样，这一切对西方至关重要的那种"心态"有真正重要的影响吗？音乐家处于社会的中心还是边缘？在 16 世纪晚期和 17 世纪的科学革命中，他们当然靠近中心——伽利略、笛卡尔、开普勒和惠更斯都是受过训练的音乐家，都写过与音乐有关的主题，有时写得还很多 [51]，但这也许是种巧合。那么，中世纪呢？想想菲利普·德·维特里这个特例。他最初被认为可能是《福韦尔传奇》（*Roman de Fauvel*）的其中一个作者，这部辛辣作品讽刺了宫廷、教会和同时代的道德，包含数千行诗、极其无礼的绘画，以及 169 部音乐，其中 34 部是复调音乐。[52] 复调中一首名为《改头换面》（*In nova fert*）的圣咏被认为是德·维特里创作的，灵感来自菲利普四世的大臣昂盖朗·德·马里尼（Enguerran de Marigny）的倒台和被绞。固定声部是一个回文结构，在令人安心的三拍子和令人不安的二拍子之间起起伏伏。节奏型重复六次，旋律重复两次，高音声部大声叫嚣地唱着盲眼的狮子、奸诈的公鸡、狡猾的狐狸、受害的羔羊和小鸡。[53] 离轨者（désengagés）一定觉得这在政治上和音乐上都很令人愉悦。

如果是在专制政权统治的社会，这样的音乐才能定会让作曲家银铛入狱。在更宽容的社会中，为人宽厚的精英们则会识别出他，并给他贴上标签，不会把他流放到西伯利亚，而是遭到艺术前卫派的荒凉边疆。但菲利普·德·维特里这位巴黎大学的艺学硕士、数学家、古代史和道德哲学的学者，却成了法国国王的秘书和顾问。他率领外交使团前往教廷，并成了莫城教区的主教。在他的要求下，犹太数学家和天文学家列维·本·热尔松（Levi ben Gerson）写下了《论和谐之数》（*De harmonicis numeris*）这部专著。尼刻尔·奥雷姆，当时的原始科学天才，将他的专著《比例算法》（*Algorismus proportionum*）献给了菲利普，声称"如果有可能相信灵魂转世，那我会称他为毕达哥拉斯"。菲利普的好友、西欧知识分子的元老级人物彼特拉克称他是"有史以来最热情和最热心的真理追寻者"，也是"法兰西无与伦比的诗人"。[54]

　　如果只能从西方中世纪的人物自传中选一本来读，我们的选择很可能是菲利普·德·维特里的传记。如果他从一种新的时间的角度来思考，那么在他所属社会的主流之中，这种新的时间概念就是一股潮流，而非一股逆流。

　　一般来说，没有什么能比一个社会对时间的感知更能反映这个社会对现实的理解了。13世纪和14世纪中世纪音乐中名为"古艺术"和"新艺术"的变化就是西欧文化出现重大突变的明证。《声音与符号：音乐与外部世界》的作者维克多·楚克坎德尔宣称，对大多数人和大多数时代来说，音乐时间"本质上就是诗一般的韵律，这是一种自由的韵律，因为它不必合拍"。除了舞曲这种不言而喻的特殊情况外，只有公元第二个千年出现的西方音乐"给自己强加了时间和节拍的束缚"。[55]机械的节拍器几个世纪后才被发明出来，但欧洲心理上的节拍器在莱奥南和佩罗丹的时代就开始滴答作响了，这比欧洲第一台机械时钟早了将近一个世纪。

让我们以 14 世纪的一部音乐作品结束这一章，它不是菲利普·德·维特里的——他的作品罕有存世——而是出自"新艺术"时期最伟大的作曲家纪尧姆·德·马肖（Guillaume de Machaut，1300—1377）之手（图 4）。马肖同时代的大多数人都认为他是比菲利普更伟大的诗人，而后辈则认为他是更伟大的作曲家。被敬为意大利文艺复兴先驱的马肖，对这两种说法都会表示赞同。在音乐印刷时代之前的音乐家里，他遗留下来能供我们欣赏和研究的作品是最多的，原因很简单，他有意如此。在丰富人生的最后，他集齐了自己的所有作品，并亲自监督，将其誊抄进了若干本大而精美的插图书卷中。[56] 他是这一传统的早期例子，颇引人注目，而这一传统在西方比在其他地方更强烈，依照这一传统，作曲家在所有音乐家中成了最重要的。[57]

他为自己能用新艺术的专长——节奏，利用 2/4、4/4、6/8、9/8 等拍子和分解旋律技术［雅克·德·列日认为听起来像狗叫］来操控时间而感到自豪。[58] 他轻而易举地运用了难度很大的等节奏技术。这样的音乐之所以可能，是因为作曲家心中有一个时钟在滴答作响，而这个时钟也在演奏者和听众心中滴答作响。[59]

马肖的《我终即我始》（"Ma fin est mon commencement"，图 4）是他创作的其中一首回旋曲，罗伯特·克拉夫特写道，这首曲子"一方面我们要尊重，而另一方面它对我们

图 4   Guillaume de Machaut, "Ma fin est mon commencement -Rondeau."
Guillaume de Machaut, Musik.alische Werke: Balladen, Rondeaux und Virelais
（Leipzig: Breitkopf & Hartel Muskivetag, 1926）, 63-4.

来说也太复杂了"。[60] 这首曲子有三个声部。三个声部中有
两个的旋律相同，其中一个向前进，一个向后退，也就是说，
打个比方，一个是从 A 到 Z，而另一个是同步地从 Z 到 A。
第三个声部有自己的旋律，会在行进到一半的时候颠倒方
向（从 A 到 M，然后再回到 A）。[61] 指望耳朵来完全理解
这种复杂性是不可能的，只有眼睛可以做到。

第九章

绘画

在所有关于自然原因和推理的研究中，光最让观察者感到愉悦；此外，在数学的各种重要特征中，证明的确定性能最大限度地提升研究者的智慧。因此，透视法必须优先于人类学习的所有话语和系统。

达·芬奇（1497—1499）[1]

人类发明绘画是为了巧妙地处理光、线、面，[2] 为的是得到智力和情感上的满足，获得经济上的利益，以及实现政治、社会和宗教方面的意图。动机不同，对光线、广延和空间的认知，以及在二维平面上适当表现三维场景的方式，也会跟着不同。14 世纪的法国，那些看上去是在描绘某个具体人物而非笼统人像的肖像画，以图书插画的形式流行起来。在现存的这类图像中有大量查理五世的肖像画，这位国王曾命令巴黎接受他那座时钟的指挥，也是这

图 5 Miniature from the *Works of Guillaume de Machaut*, c. 1370. "The composer receives Love, who brings him Sweet Thoughts, Calm Enjoyment, and Hope," fourteenth century. Bibliotheque Nationale, Paris. Courtesy Giraudon / Art Resource, New York.

位国王资助了新艺术。马肖的手稿中有这位作曲家本人的画像，也有诸如差异化的前后景、风景和自然主义细节等创新（图 5）。[3] 这些插画是绘画领域革命性发展中迸出的火花，可能是越过阿尔卑斯山从意大利吹过来的。在当时的意大利，一个富有的贵族阶层正在崛起，他们渴望在艺术层面赞颂他们的上帝、城市，以及他们自己。

谈论他们所资助并推动的艺术大爆发之前，我们应当先熟悉一下此前作画的方式。让我们从中世纪绘画的"现在"开始。一幅装饰彩图或湿壁画中可能包含若干个有明显区分的"现在"。在一幅画中，圣保罗的船搁浅，他挣扎着上岸，以及向异教徒布道这三个场景可能同时出现。这相当于有三个"现在"，而这很可能会使我们感到迷惑。

中世纪时，即便是一个单一的"现在"，也可能是令人迷惑的。如今，我们通常认为绘画描绘的是在如刀锋般的一瞬间里出现和发生的事情；也就是说，16世纪一幅描绘圣家族逃亡埃及的湿壁画中的"现在"，或者20世纪一张展现家庭野餐的照片中的"现在"，二者的本质是相同的。中世纪的"现在"更接近美国实用主义哲学家威廉·詹姆斯所描述的那种"现在"，也就是说，这个"现在"不是一个"刀锋，而是一个有一定宽度的马鞍，我们坐在上面，从两个方向观察时间"。[4] 例如，当我们经过一座立方体建筑时，我们对它的感知不是在一瞬间完成的，要知道在一瞬间的时间里，我们看到的墙面不会超过两个，但随着移动，有时候，我们能在一个"现在"看到三面墙。

中世纪西方的画师们不仅从威廉·詹姆斯的马鞍上观察世界，还会下马四处走动好看得更清楚。如果一次从两个或更多视点观察一个物体有助于传达他们认为重要的信息，那他们就会径直这样做并做到。他们并不比后来的莎士比亚更不情愿这样做，莎士比亚会让主人公在大声独白的时候停止行动。如果中世纪的画师想让观者好好地看看桌子上的餐具和食物，那画面上的桌子就会像打开的行李箱盖子那样倾斜，但东西还不会滑落下来。

中世纪的画家们确信，比起画中人物面庞的实际形状、眼睛的颜色，以及胳膊搭在肩膀上的方式，人物的地位更重要。画家通常用最明显的方式来表现重要性：他会调整大小，使作为主角的基督、圣母玛利亚和各位君主相对大一些，并将他们置于画面的正中位置。不重要的人物和事物都很小，而且都位于画面边缘或任何有空隙的地方。公元 956 年前创作了《圣邓斯坦在基督脚下》（图 6）的画家（大概是位修道士）是神学现实的精确再现者，也是线条绘制方面的大师。不过，在现代人看来，中世纪美术最鲜明的特点不是对尺寸的操纵（文艺复兴时期的画家像我们一样偶尔也会玩这个把戏），而在于如何处理空白空间，即画面主体周围或之间的三维空白。在今天的我们看来，当时画面空间里的事物就像肉冻沙拉里的蔬菜一样。蔬菜也许是主要兴趣所在，但肉冻也实实在在地占据着蔬菜之间的区域。我们不会因为肉冻是透明的而否定它的存在，同样，我们也很少忽视空间，即便它是空的。

由某位不知名画家在 1350 年左右以中世纪风格描绘的佛罗伦萨（图 7）可能不会让如今的测量员满意，但对于以中世纪的眼光在佛罗伦萨狭窄曲折的街道上漫步的游客来说，这幅画就是对这座城市的精确描绘（描绘的是建筑群，而不是建筑之间的空隙）。中世纪的空间指的是空间中所包含的事物，就像中世纪的时间指的是时间之中发

图 6　*St. Dunstan at the Feet of Christ*, tenth century. David M. Wilson, *Anglo-Saxon Art from the Seventh Century to the Norman Conquest*（Woodstock, N.Y.: Overlook Press, 1984）, plate 224.

生的事情。对于一群拒绝承认真空可能性的民众来说，虚空既不真实，也不会独立存在。

　　但到 1300 年，意大利正在发生一场空间感知方面的

图 7　Anonymous, panorama of Florence, detail from the Madonna della Misericordia fresco, fourteenth century. Loggia del Begallo, Florence. Courtesy Alinari / Art Resource, New York.

变革。从东方而来的拜占庭艺术的典范要比西方艺术的更具有表现性。来自北方的雕塑家，他们的三维雕像和浮雕比自罗马帝国全盛期以来的任何东西都要更加自然，影响了法国沙特尔的大教堂，为其增添了虔诚的魅力。土生土长的则通常是古罗马自然主义艺术的典范。[6]

　　西方对光学和几何学的痴迷也与日俱增，这在 14 世纪初就很明显了。《玫瑰传奇》这部当时最接近大杂烩的作品的其中一个作者让·德·默恩，甚至试图在他有关典雅爱情的诗歌中加入光学，有时甚至还会在非典雅爱情中加入。他说，如果战神玛尔斯和维纳斯用放大镜或透镜仔细检查了他们的淫欲之床，他们就会看到维纳斯的丈夫为捉奸所布置的网，"那样的话，妒火中烧的伏尔甘将永远无法证明他们的奸情"。[7]

几何学并没有出现在但丁的《地狱篇》和《炼狱篇》中，而是出现在了一切井然有序的《天堂篇》中。在《天堂篇》的第十三歌，圣托马斯·阿奎那提到了推翻欧几里得有关圆内三角形的一个论断的尝试。在第十七歌中，有一个人能看到未来，"像尘世的心灵 / 知道一只三角形不能容下两只钝角"*。在最后的第三十三歌中，面对上帝这永恒的光，但丁将自己无法深刻理解神人之间的关系类比为几何学家无法化圆为方。[8]

但丁在别的地方写道："几何学是最白净的，因为它没有错误的污点，本身就是最为确定的，而且它的女仆名为透视。"[9] 透视学当时是依附于光学的几何学分支，涉及精确图画的制作。[10] 还有什么能比这更完美地传递上帝的意志呢？罗杰·培根曾写道，借助图画，"文字写下的真理也许会更加清楚地呈现在眼前，如此一来，属灵的真理也会如此清晰地展现"。[11]

所有这一切原本可能只会带来更多的文字，但当诗人

---

* 完整的引用是："你被提举得那么高，像尘世的心灵 / 知道一只三角形不能容下两只钝角, / 你在凝视一切时间都向之会集的 / 那'终极点'的时候，就明白看出 / 还没有存在的偶然性的事物"。译文引自［意］但丁：《神曲》，朱维基译，上海译文出版社，2011。

与哲学家在思忖的时候，画家也在画画，而且，画家和音乐家一样，必须创作出可供评价的实实在在的东西来。1250 年之后，意大利绘画中的空间开始自己显现出来；肉冻开始变得重要了。圣母那支撑着圣婴的膝盖开始在谨慎呈现的第三维度中向前移动。对于墙面、天花板、台阶，以及建筑物、房间和祭坛的装饰线条，描绘它们的平行线条开始宣告解放，逐步离开了传统上与画面平行的位置，开始向画面背后某个模糊的区域不断汇集。这些创新在献给方济各会创始人的意大利阿西西大教堂的湿壁画中表现得尤其明显。[12]

一些艺术史学家推测，乔托（1267 或 1277—1337）曾参与创作了阿西西的湿壁画。虽然没有同时代的证据来证明这一点，但人们很容易接受这一假设，因为在阿西西的系列湿壁画完成后不久，乔托就绘制了一些湿壁画，而这些画毫无疑问使用并改进了透视法。尽管如此，乔托无疑是 14 世纪早期新艺术的大师。

和马肖一样，乔托是他所在的美术领域中我们特别了解的那一批人中的一位，而且和马肖这个法国人一样，他在世时就很出名了。但丁可能认识他（我们最熟悉的有关这位诗人的肖像画就出自乔托之手），并在《神曲》中盛赞了他。[13] 彼得拉克称他是"画家中的王子"，并拥有他的一幅画："无知之人无法理解这幅画的美，艺术大师们却被它惊呆了。"薄伽丘评价他"让一种因一些人的错误而埋

图 8　Giotto di Bondone, *Adoration of the Magi*, 1306. The Scrovegni Chapel, Padua, Italy. Courtesy Alinari / Art Resource, New York.

没了几个世纪的艺术重见天日，那些人画的画都是为了取悦无知之人的，而不是给智者带来智识上的满足"。[14]

　　乔托同时代的人对他画作中极强的条理性印象深刻，而且画作对高昂的情感和绝对的庄严的结合，以及对第三维度的呈现，也都令他们折服（图 8）。在我们看来，他的画被挤在中心人物周围的墙壁和岩山封闭起来，而中世纪的人习惯了像设计图纸一样平的图画，所以这些画对他们来说已经有足够的纵深，甚至都能踏进去。他将建筑和其他矩形构造放在一个与观众形成某个角度的位置上，一个角向前突出，而墙面和边缘从那个角开始向后延伸到了背景之中。有些人觉得这种激进主义令人不安，而彼得拉克也一度有些不悦，对这种新画风颇有微词：

> 因为人物会从画面中冲出来，脸部轮廓仿佛在呼吸一样，所以甚至还能期待很快就能听到他们说话。这就是危险所在，因为那些伟大的心智都被这一点深深吸引了。[15]

乔托的几乎每一幅湿壁画，都画得仿佛是一个人在某一时刻看到的场景，而且他在意大利帕多瓦的阿雷那教堂画的一系列湿壁画，都好像是观者正从教堂中间观看到的场景，这就像一个人站在城市广场中，转过身来，左右张望。[16][城市的发展不断向人们的眼睛呈现出这样的场景：排成一条条长线的集市摊位和高高的塔楼，这些似乎都从观者那里向后退去。这激发了人们对透视的好奇心。从布鲁内莱斯基（Filippo Brunelleschi）到米开朗琪罗，那个时代许多伟大的画家也同时是建筑师，而且其中有些还是城市规划师，这绝非偶然。]

乔托是个天才，但只是经验意义上的，而非科学意义上的。针对切尼尼（Cennino d'Andrea Cennini）对艺术家的建议，他没什么可补充的。14世纪末，切尼尼建议画家在描绘建筑时，"建筑顶部的线脚必须从屋顶附近的边缘向下画；建筑中部的线脚，也就是外立面中间的部分，必须是水平和均匀的；下方建筑基底部的线脚必须向上倾斜。"[17]

在乔托的绘画中，人们通常能确定哪个人物离画平面（picture plane）更近，但不能确定人物之间相距多远。他的湿壁画让我们想到了波托兰航海图，这些地图指示方向比标记距离更准确，而最早的波托兰航海图可能是在乔托生前绘制的。[18] 试图准确画出乔托笔下场景的平面图是徒劳的，因为只要他觉得从单一观众的角度出发会有帮助，他就会那样画。在阿雷那教堂，他画了两幅圣母玛利亚母亲圣安娜卧室的场景画。在这两个场景中，观者的位置似乎是相同的，但乔托是从两个不同的角度来画床的。在第一幅壁画中，一位天使告诉安娜，她会是玛利亚的母亲，跪着的安娜身后那张此刻还不太重要的床是以我们称之为正确透视的方法绘制的。在第二幅壁画中，安娜生下了玛利亚，而现在，那架神圣的床便以一个"不合理的"角度倾斜起来，因此我们可以更好地看到它。[19]

乔托和他同时代的人在透视方面做了大胆的新尝试，但他们的继任者在14世纪剩余的时间里几乎没有取得什么新的进展。以几何学眼光"看"的问题在当时要比我们

图9　Taddeo Gaddi, *The Presentation of the Virgin*, 1332-8. St. Croce, Florence. Courtesy Alinari / Art Resource, New York.

现在难理解得多，我们已经是他们经历的那个视觉变革之后的人了。塔代奥·加迪是乔托的学生，而且在一些人看来，他也是乔托的继任者，是那个世纪最杰出的意大利艺术家。他在《圣殿圣母》（图9）这幅画中填满了复杂的建筑结构以表明画中许多人的相对位置，但他的技术并没有实现想要的结果。如果一个人生活在画中那样的世界里，那么要把一只球准确地扔给一步之外的人都纯粹得靠运气。即便过了两百年，在人们认为透视问题已经得到解决之后，雅各伯·达·彭托莫（Jacopo da Pontormo）还开玩笑说，上帝是以三维而不是二维来造人的，因为这样"赋予一具身体以生命就容易得多"。[20]

我们也许会把几何透视法没有更进一步归咎于人们对黑死病的普遍恐惧，但原因更可能是这样一个事实，即乔托和他的画派只是根据艺术家的本能在试图向前推进。他们创作了杰出的作品，但这些作品对空间的描绘在几何学上看并不精确。要想做到几何学上的精确，需要艺术家天赋以外的东西做补充，那就是理论。

柏拉图和亚里士多德在整个中世纪和文艺复兴时期仍保持着影响力，在某一时间段里，其中一位会比另一位的影响更大，但不会只有一个发挥影响。在圣托马斯和奥雷姆的时代，伴随着对直接经验和缜密逻辑的可靠性的信心，亚里士多德主义蓬勃发展。然而，倾向于认为直觉和数学表现了终极实在的柏拉图主义也幸存下来，并且在经院哲学开始慢慢陷入吹毛求疵时东山再起。

15世纪，意大利北部的学者们完成了对柏拉图对话的拉丁语翻译。借助这一成果，西方得以接触柏拉图思想的原始文献。[21]意大利北部和法国一样，有自己的大学和亚里士多德主义哲学家，但其思想和艺术的活力中心则是它位于威尼斯、米兰、罗马，以及（最重要的）佛罗伦萨的宫廷，而在这些中心，柏拉图再次要求确立他在西方知识传统中的父权地位。

举例来说：美第奇家族（我们应当注意，他们最初是银行家）长期以来在佛罗伦萨的事务中扮演重要角色，他们不仅渴望拥有权力，还希望恢复古代文明的精华。马尔西利奥·费奇诺（这名基督徒完成了一项壮举，将琐罗亚斯德视为东方三博士之一）[22] 努力引导并回应美第奇家族的品味。他翻译了柏拉图和古代柏拉图主义者的著作及其注释，还提供了他自己的新柏拉图主义论著。他创办了一座柏拉图学院，以此来宣传自己的理论，即灵魂要依次经过道德哲学、自然哲学和数学哲学，最后到达终极实在。有很多人拜访过他的学院或参与了 15 世纪席卷意大利知识界的新柏拉图主义浪潮，其中就有库萨的尼古拉，我们已经在第五章见到过他，他试图化圆为方来找到上帝；此外还有莱昂·巴蒂斯塔·阿尔伯蒂和皮耶罗·德拉·弗朗切斯卡，我们将在这一章听到更多关于他们的故事。[23]

费奇诺和他的同侪，以及全意大利和他们一样的人，为柏拉图信念的复兴提供了思想土壤，这种信念认为，数字"有带领我们通向实在的力量"，而且"几何学是关于永恒存在的知识"。[24] 1504 年，年轻的拉斐尔在《圣母的婚礼》（图 10）这幅表现圣母玛利亚婚礼的画作中对这一信念做了艺术上的表达，画中几乎每条线都朝后指向一座建筑，你可以说这一建筑与主题毫不相关（不可能！），也可以说它是显示完美上帝存在的完美的对称结构。

图 10　Raphael, *Marriage of the Virgin*, 1503. Pinacoteca di Brere, Milan.
Courtesy Alinari / Art Resource, New York.

相比于 13—14 世纪时间理论与时间实践之间的距离，
15 世纪空间理论与空间实践之间的距离更短，因为西方人
在 15 世纪可以走一条穿越古希腊的捷径。正如前面提到的，
1400 年佛罗伦萨出现了托勒密那部有一千三百年历史的著
作《地理学指南》的手稿。[25] 以欧几里得有关光的性质和
人们如何观看的理论为基础，他提出了借助（带有经纬度
的）网格在平面（地图）上具有几何精确性地描绘曲面（地
球）的若干规则。可以说，这些规则最早影响到的群体不
是制图师，而是画家。

最早将绘画艺术进行实际量化的那位（群）英雄画家
是什么身份，我们并不清楚，只知道他（们）运用了托勒
密理论的技术，以自然的、二维的方式呈现三维场景，就
像一个观察者在某一时刻看到的那样。不过，可以肯定的
是，他（们）是佛罗伦萨人。

然而，如果说这样的英雄只有一位的话，那就是菲利
波·布鲁内莱斯基，[26] 他是"文艺复兴人"最合适的一个
代表，兼有钟表匠、金匠、军事工程师和考古学家等身份。
和库萨的尼古拉一样，他也是个狂热的测量者，而与尼古
拉不同的是，他做了大量的实际测量。研究古罗马遗迹时，
他在测量和记录遗迹尺寸时使用的是一种基本单位量之间
的倍数关系，而不是像一般的做法那样，使用一根不能分
割的棍子或绳子。他的志向是成为一名伟大的建筑师，可
以像画家乔托那样流芳百世。他实现了自己的抱负，设计

并指导建造了佛罗伦萨圣母百花大教堂的那个神奇的圆顶。[为避免遗忘,我们应当注意,音乐在"新艺术"时期之后还在继续发展,1436 年,纪尧姆·迪费(Guillaume Dufay)为这座大教堂的落成创作了一首经文歌,即《最近玫瑰开放》(*Nuper rosarum flores*),其 6:4:2:3 的等节奏比例,与教堂中殿、中殿和耳堂相交处、后殿,以及教堂圆顶高度的比例相对应。][27]

我们可以肯定,教堂的圆顶证明,布鲁内莱斯基掌握了足够的几何学知识来理解透视问题。他可能也在古罗马的壁画和镶嵌画中发现了透视的例子,而且他当然也接触过欧几里得和托勒密。但是,与乔托一样,他没有留下自传,也没有留下对自己技术的解释,而唯一能证明他作为透视画家成就的东西都是在事后写的。[28]

根据迈克尔·库伯维的说法,发现文艺复兴时期透视法的桂冠应该颁给莱昂·巴蒂斯塔·阿尔伯蒂,他发明了这种技术,而在这里,库伯维也仔细斟酌着措辞,称这一技术"是一套可被艺术家使用的可传达的实用程序"。[29]阿尔伯蒂是佛罗伦萨一个古老的商人和银行家家族的私生子,他也是"文艺复兴人",是一位杰出的建筑师、城市规划师、考古学家、人文学者、自然科学家、制图师、数学家、意大利方言的倡导者、密码学家,而且他和布鲁内莱斯基一样,也是一位不折不扣的测量家。他提出,如果可以进行精准的测量,那就能为任何质量和大小的事物制作任何比例的精确复制品雕像，即便那事物大如高加索山，即便它被分成两半置于两处，一半在爱琴海的帕罗斯岛，一半在意大利北部的卢尼贾纳，也都不在话下。[30] 1430 年代，他就透视法写的一本极富启发意义的小书，堪称艺术史上的里程碑。

阿尔伯蒂接受了当时最好的教育，也是书籍生产阶层的一员。和他那个阶层的大多数人不同，他事实上熟悉与绘画有关的实践问题，可能亲自涉足过绘画，而且完全有资格向世界解释透视理论。[31]

阿尔伯蒂的透视理论建立在古希腊光学理论的基础之上，后者已经被阿拉伯人、格罗斯泰特*、罗杰·培根和其他人解释、扩展和普及过了。"看"是眼睛通过从眼睛里延伸出的视觉锥体获得信息的过程。一幅准确的图像是视锥的一个切面，垂直于其的中轴线，是在观者选取的相对于眼睛的任意距离上形成的。这种切面就和我们用照相底片沿着光锥以垂直角度滑动时所得到的一样。事实上，文艺复兴时期的艺术家们有时的确会在垂直于视锥的方向上放一块玻璃，并直接在玻璃上作画。这原本不适用于在墙上绘制湿壁画，但阿尔伯蒂制定了若干规则使其可以用于壁画创作。

---

* 罗伯特·格罗斯泰特（Robert Grosseteste，约 1175—1253），英国教会政治家、经院哲学家，在光学方面做出了重要工作，并为罗杰·培根所推进。

阿尔伯蒂告诉他的读者，以正确的透视关系创作一幅画的第一步就是确定画家视锥的方向。视锥的"中心线"应当是从眼睛到想要描绘的场景的中心之间最短的线。之后，阿尔伯蒂建议，人们应当采用一种粗略的空间量化方法，在自己和被画对象之间放置一层"薄纱，它经过了精心的编织，染成了任何你喜欢的颜色，在其上用更多的细线按照你的喜好[标出]尽可能多的平行线"。（你应该还记得，托勒密的《地理学指南》是当时的流行读物，其中就提到了经纬线构成的网格。）薄纱网格之外的现实应当只能通过保持头、眼不动，透过这层薄纱来观察。这层薄纱就是画平面，即穿过视锥的那一个切面。描画场景时，不要画你所知道的真实情况（例如，平行线之间的距离总是处处相等），而是要严格描绘你所看到的。人们看到的是，随着平行线离观察者越来越远，它们之间逐渐形成夹角。要想衡量这些平行线看上去的汇聚程度，就可以透过那层薄纱盯着它们看并数一数有多少细线。之后，人们就可以将其转移到平面上，而这一平面上有精心画好的与薄纱上的细线相对应的线条。那层薄纱帮助画家量化的不是现实，而是更微妙的东西，即对现实的感知。

薄纱和网格被证明非常有用，但它很难用来"看到"人们实际看到的东西。文艺复兴时期一些早期的透视尝试有着某些非常奇怪的特征。建筑物是向一侧倾斜……还是会从画平面开始往后延伸？人们无法确定。（参见图11《圣

图 11 Master of the Barberini Panels, *The Birth of the Virgin*, fifteenth century. Courtesy the Metropolitan Museum of Art, Rogers and Gwynne Andrews Funds, 1935（35.121）, New York.

母的诞生》，画面中建筑物的左侧有奇怪的倾斜。）除了薄纱，画家还需要几何技巧。

对此，阿尔伯蒂也提供了指导。首先，建立画平面，画平面就像一扇窗，透过它，画家可以看到其想要画的东西。之后，在前景画一个人，脚要在画面底部。头部要与画家的眼睛在同一水平线上，因为画中人的头和画家的头二者与地面的距离大概是一样的，而且其也与地平线高度一致，因为我们看到的地平线——例如在海上或草原上——总是与我们的眼睛等高的。接下来，把前景人物按照高度分成三个相等的单位。这些会是基本单位，也就是这幅画的单位量。然后把这幅画的基线按照这个单位量划分。选择地平线正中间的一点，即视锥的中心点。在这幅画底部单位量的几个标记处与这一点之间画直线，这个点就是"灭点"，所有与画平面成直角的线（正交直线）都汇集于此。（把正交直线想成是从画的底部直直延伸出去的铁轨，它们当然看上去会在地平线处汇合。）当这些直线汇聚在一起时，画面上物体的高度和尺寸应该也会随之减小，因为它们相对于画家的眼睛是向后退的。

穿过汇集的正交直线画若干水平线，水平线之间距离的缩小速率应该与正交直线汇聚的速率相同（这与阿尔伯蒂最巧妙的发明之一是一致的，但它太复杂了，无法在此描述）。[32] 这样一来，我们就看到了许多文艺复兴时期美术作品都会使用的典型的棋盘地板。[阿尔伯蒂称这种水平网格为"地板"（*pavimento*），这是他那个时代房屋砖地的名字。][33] 马萨乔（Masaccio）在大约 1425 年绘制的《三位一体》（*Trinity*），还有阿尔伯蒂之后几代西方美术最伟大杰作中的许多作品，都有这种网格，有的是用线绘制的，有的则是凿出的凹槽。这种被称为"透视建构"（*costruzione legittima*）的新型透视像砖地一样清晰呈现在达·芬奇、拉斐尔和几十位名气较小的画家的许多画作中，这样的作品也许有几十乃至上百幅。这些名气不大的画家，因为经验不足，有时会把施洗者约翰安置在旷野中一块铺了砖石的地上，也会在伯利恒的马厩里铺上类似的地砖。[34]

透视进入了高尚的博艺学科之列。1493 年，安东尼奥·博莱奥罗（Antonio Pollaiuolo）把寓意透视的人物雕像也列入了教皇西克斯特斯四世墓穴周围象征博艺学科的群像之中。[35] 与这位雕刻家同时代的达·芬奇宣称，绘画比音乐更有资格位列博艺学科，"因为绘画不像不幸的音乐一样，一诞生就消失了"。[36]

中世纪空间这顶开始松垂的帐篷已经倒塌了，而除了托勒密这股势力还在苦撑，其他各种势力都在撕扯它，它已经非常僵化，成为竞相斗争的对象。空间，在任何时代、任何方向和任何地方，在所有性质方面都已经变得同质、平等和绝对。文艺复兴时期的画家们，当被问及月上区的光学定律是否一定与月下区的光学定律相同时，他们可能

图 12　Albrecht Dürer, *Draftsman Drawing a Reclining Nude, 1538*. Courtesy the Museum of Fine Arts, Horatio G. Curtis Fund, Boston.

会说否，即便如此，他们在描绘天堂的画作中还是遵循了透视建构的规则。[37]

　　中世纪的知识分子尊崇抽象数学，而在实践中，他们则倾向于背离它。文艺复兴时期的知识分子崇尚数学，尤其是几何学，并在实践中大量运用。保罗·乌切洛（Paolo Uccello）那幅圆滑圣杯的画像，是由数百个从不同角度观察到的小矩形组成的；丢勒的一幅画描绘了一位画师正透过阿尔伯蒂薄纱（Albertian veil）注视着一位仰卧着抬起下肢的裸体模特，这么做是要试图解决透视收缩（foreshortening）这个最棘手的问题（图 12）；还有卡洛·克里维利近乎令人眩晕的《天使报喜》（图 13）。这样的作品还有几十幅，它们令我们印象深刻，从中可以看出，文艺复兴时期前卫的艺术家——他们通常是建筑师、工程师、匠人、数学家以及画家——痴迷于空间几何。乌切洛这么一个对色彩或饮食不感兴趣的画家，当妻子叫

图 13　Carlo Crivelli, *Annunciation*, 1486. National Gallery, London. Courtesy Foto Marburg / Art Resource, New York.

他睡觉时，他会在书房里回答："哎呀，这个透视简直好极了！"[38]

　　中世纪早期，知识分子对于当时的成就，甚至是被我们称作进步的成就，很缺乏信心，而在几个世纪之后的艺术和原始科学先锋派那里，这种信心日益高涨。16 世纪的艺术家兼艺术家传记作者乔治·瓦萨里（Giorgio Vasari）称赞他那个时代的画作就像歌剧里的男高音歌颂他的情人一样。他说，很久以前，有非常好的古典希腊罗马艺术，而之后出现的中世纪的西方和拜占庭艺术却很糟糕（当时的圣人"着魔似的瞪着眼睛，踮着脚尖，手臂伸得老长"）。再然后乔托出现了，绘画重生了：他和他的后继者直接模仿自然进行绘画。据瓦萨里说，其中最伟大的是他同时代的佼佼者米开朗琪罗，他"不仅超越了那些作品堪称优于自然的人，也超越了古典世界的艺术家"。瓦萨里说，唯一阻碍艺术家创作比其现有作品更伟大的杰作的障碍，就是他们没有被支付足够的报酬。[39]

　　我们对文艺复兴时期的透视法给予最高的尊重：我们称其为现实主义。当然，这就引出一个问题：我们所说的"现实"是什么意思？我们并不是指真正的现实，因为我们很少会错把图片当成真实的东西。瓦萨里记述了一则故事，讲的是布拉曼迪诺画的一幅马过于逼真，甚至一匹真正的马会不断踢这幅画中的马，但是，正如你所预料的那样，瓦萨里本人从未见过这幅画。[40]我们所谓的"现实"

指的是在几何上的精确；也就是说，你可以像使用一张好的地图那样使用一幅遵循透视建构原则构建的画。相比之下，传统的穆斯林画作都是精致装饰的平面，缺乏景深；而中国的山水画虽然能给人呈现出巨大的纵深，但并没有固定的视点。[41] 只有粗鄙之人才会觉得这些绘画不美，但你若要端着一盘满斟的玻璃杯穿过一间房，那你不会想要用这些画作为向导，更不要说穿过一段风景。

为了画出符合西方文艺复兴标准的写实画，透视建构法的实践者不得不像伊斯兰或中国的艺术家一样，做出一些武断的选择。举例来说，在他们看来，西方人是把场景描绘得像用一只眼睛在一瞬间看到的画面。我们大多数人都有两只眼睛，会产生立体的视觉，但这没关系。单只眼睛在一瞬间只会聚焦在一个场景的中心上，但这也没关系。乔托、阿尔伯蒂和他们的同侪在描摹和绘制多个场景时，就好像这些场景是在同一瞬间出现的，然后根据上下或者前后的位置来指示场景的时间先后，以便把注意力集中在场景的某个部分上。[42] 这种做法方便有用，而且合情合理，但也相当武断，由此就会出现把圣保罗在沉船上、在岸上和向异教徒布道这几个场景放到一个画面里的情况。

文艺复兴时期的透视法大师们选择遵循光学透视的定律，因为这些法则适用于在观察者面前延伸出去的、看上去会汇聚于一点的平行线，但他们实际上也无视了横向延伸的平行线看起来也在汇聚的事实。对这些画家来说，如果按照其实际所见作画，那么画出的平行线就会朝着一左一右两个不同的灭点汇聚。这就意味着这些直线看起来会是弯曲的。20 世纪唯一还坚持遵循这一光学真理的画家，说来也奇怪，都是寻求夸张效果的漫画艺术家。

15 世纪文艺复兴初期之后，起源于乔托、布鲁内莱斯基、马萨乔和阿尔伯蒂的创作流派就开始分化，并朝着两个不同方向奔腾。一个变得更艺术了，最终产生了 16 世纪矫饰主义画家的扭曲视角。另一个则更数学了：吉拉尔·德萨尔格（Girard Desargues，1593—1662）发明的射影几何，由帕斯卡尔（1623—1662）完善，是今天数学的主要分支之一。文艺复兴时期的绘画可能是有史以来唯一创造了某种数学的艺术。[43] 这证明，尽管它是武断的，但在很大程度上，它与光学现实或至少是与人类心智构建现实的方式是一致的。

15 世纪，绘画逐渐接近数学，甚至与其融合在一起，比此前一两个世纪的音乐更甚。皮耶罗·德拉·弗朗切斯卡的职业生涯可以为这个说法提供例证，他大约出生于透视建构法发明的时代，并在哥伦布启航前往后来的美洲的那一年去世。他是文艺复兴时期画家中数学最好的，也是当时数学家中绘画最棒的。[44] 与马肖一样，他出身平凡之家；但不知怎的，他成了多梅尼科·韦内齐亚诺（Domenico Veneziano）的学徒，后者是新透视法方面的专家，也是布鲁内莱斯基、阿尔伯蒂、马萨乔和多纳泰罗的同侪。根据肯尼斯·克拉克（Kenneth Clark）的说法，在这些人中，皮耶罗"呼吸着数学比例的空气"。[45]

皮耶罗写了三本关于算术、几何与绘画的专著。其中最简单的一本是指导商人和工匠如何使用计数板和商事程序的。例如，他提到了如何测量一个桶的容积：

> 有一个桶，它上下的直径都长 2 臂（bracci）；盖子的直径长 $2\frac{1}{4}$ 臂，而盖子与桶底之间的中间位置的直径长 $2\frac{2}{9}$ 臂。桶长是 2 臂。这个桶容积为多少？

经过一番计算，答案是 $7\frac{23600}{54432}$，[46] 这个计算和答案表明，在文艺复兴时期至少有一些新柏拉图主义者是十分熟悉实用量化的（也说明了文艺复兴时期的数学家多么需要小数点！）。

皮耶罗的另外两本书是关于绘画和几何学的技术性专著，也位列 15 世纪最重要的科学文献。虽然他在精细使用色彩方面是大师，但其《论绘画的透视》（*De prospectiva pingendi*）却忽略了色彩，这本书改进了阿尔伯蒂的若干绘画原则。色彩是次要的，几何才是主要的。他的第三部也是最后一部作品 [于他死后出现在了卢卡·帕乔利的《神圣比例论》（*Divina proportione*）中，我们将在第十章详

图 14　Piero della Francesca, *Flagellation of Christ*, 1450s. Galleria Nazionale delle Marche, Urbino, Italy. Courtesy Alinari / Art Resource, New York.

说]，献给了五个规则的几何体：四面体、六面体、八面体、二十面体和十二面体，它们曾使柏拉图着迷，而在一个世纪后也令开普勒欲罢不能。[47]

　　皮耶罗对新柏拉图主义、数学，以及对艺术的热爱，在他高深莫测的杰作《受鞭笞的基督》（图 14）中表现得最为明显。我们很容易确定这幅画上的阿尔伯蒂式灭点在何处，但我们应该把注意力放在哪儿呢？是前景右侧这三个站在一起但好像又互不理睬的人，还是背景中以基督（基督放到了背景中？）——他正在被鞭笞，但就像水果静物画那样缺乏直接的情绪表达——为中心的那几个人？

《受鞭笞的基督》并不是一幅现代画作。它没有体现出爱国、阶级、民族，甚至画家的价值，而是体现了虔诚。画中充斥着一种柏拉图化的、私人化的基督教符号，我们不理解，可能也永远无法理解其中大部分符号的意义，但它们几乎全都是定量的和几何的（这是这幅画对我们的特殊意义）。就其意义而言，无论它们是什么，都将观者引向神秘主义。就这些符号采用的表达方式来看，它们则会敦促观者在感知现实时更有数学头脑。

文艺复兴初期的画家-数学家在作画时脑中都有一个图像单元，即一个单位量。阿尔伯蒂喜欢把画在最前面的人物的高度划成三等份，并取三分之一作为单位量。[48] 皮耶罗为《受鞭笞的基督》选择的单位量似乎是画面上画家视平线和墙面相交的那一点跟地面之间的距离，这个点就在持鞭男人后面的阿尔伯蒂灭点上。可见区域的大部分地面都被棕色砖的方格覆盖，每个方格长宽都是八块砖。前景之中每块砖的面积都是 2 个单位量乘以 2 个单位量，因此，每一大块棕色砖方格的面积就是 16 个单位量乘以 16 个单位量。耶稣所站的那块位于中心的方砖是由不同颜色瓷砖拼成的复杂几何图案，但整个方砖看起来也是 16 个单位量乘以 16 个单位量那么大。靠近画平面的两根柱子的中心点之间距离 19 个单位量。从前景这三个人到后面那几个人中最靠近前景的那个人，也就是从后面看包头巾的那个人，其距离是 38 个单位量，也就是 19 个单位量的两倍。从包头巾这个男人到耶稣基督的距离又是 19 个单位量。基督身后的柱子，包括柱子顶端的雕像在内，有 19 个单位量那么高。从画家眼睛到画平面的距离是 31.5 个单位量，这可以用几何方法计算出来；基督身后的圆柱到画平面的距离是 63 个单位量，是 31.5 的两倍。这幅画上所有主要的部分——前景的几个人，最近的柱子，包头巾的男人，手持鞭子的男人，所有这些到观察者眼睛的距离，都可以用单位量的倍数乘以永远神秘的 π 来表示。我们一次、一次又一次进入了神秘数学的迷宫。[49]

如果你是一位新柏拉图主义的基督徒，你可以参考皮耶罗的《受鞭笞的基督》，把它用作通往终极实在的指南。如果你是一个愚钝的世俗主义者，你可以放心地按照它来购买、裁剪整个场景的地毯和墙纸[50]（图 15）。也许这幅画比文艺复兴时期的任何其他杰作都更能证实文艺复兴艺术史权威欧文·潘诺夫斯基的判断，他说，透视法是那个时代的风向标，"透视法比其他任何方法都更能满足人们对精确性和可预测性的新渴求"。[51]

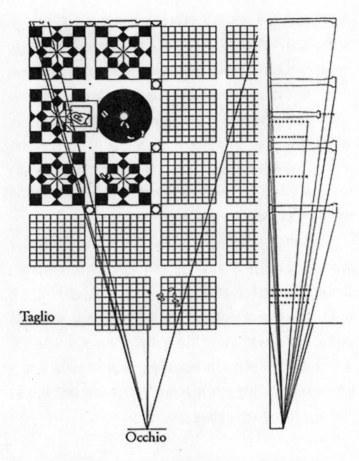

Taglio

Occhio

图 15 "Reconstruction of Plan and Elevation of Piero della Francesca's *Flagellation of Christ*." R. Wittkower and B. A. R. Carter, " Perspective of Piero della Francesca's 'Flagellation,' " *Journal of Warburg and Courtauld Institutes*, 16 (July-Dec. 1953) , plate 44.

第十章

记账

我们永远都要向荣耀低头。对我们来说，它就像一位公共会计师，公正、务实，它谨慎地测量、权衡、斟酌、评估以及评价我们所做、所得、所思、所求的一切。

莱昂·巴蒂斯塔·阿尔伯蒂（1440）[1]

金钱，生活里的平凡无奇之物，很难毫无顾忌地谈论它，但就其效果和规律而言，它却像玫瑰一样美丽。

爱默生（1844）[2]

15 世纪的商人贝内代托·德·柯特鲁格利曾写道："既然世界上的一切都是按照一种确定的秩序制造的，那么也必须以同样的方式管理它们。"秩序在"最重要的"事务中尤为必要，"例如，商人的生意这类事务就需要规制，以使人类生生不息"。[3]

可以想见，推动西方进入资本主义社会、资助了透视建构的实践者并与贵族联姻的商人们，他们会认为，将自己的业务合理化是在做一件对人类有益之事。尽管可能不完全如他们所想，但就他们教会人们如何变得更有效率而言，他们也许是正确的。

字典上对"像商人一样"（businesslike）的解释是高效、简明、直接、有条理，以及缜密周到。它与勇气、优雅或虔诚这些贵族和教士阶级自诩的品质无关。"像商人一样"意味着认真、细致，而且在实践中与数字有关。就其从业者是以定量思维来感知和操纵可以用单位量来描述的经验来讲，这是通往科学与技术的路径之一。对他们来说，所谓的单位量就是弗罗林、达克特、利弗（livre）、镑等货币。正如保罗·博安南所说："货币是有史以来最简约的概念之一，它精简得令人震惊，而且就像其他引人注目的新概念一样，它创造了自己的革命。"[4]

贝内代托等商人同其他商人、银行家、原材料供应商、劳工以及顾客之间的生意是很复杂的。有一种防御策略是对冲：《威尼斯商人》中，安东尼奥说，"我的买卖的成败，并不完全寄托在一艘船上，更不是孤注一掷；我的全部财产，也不会因为这一年的盈亏而受到影响"。* 此外，还有

---

* 译文出自［英］威廉·莎士比亚：《威尼斯商人（中英双语）》，朱生豪译，译林出版社，2018。

如洪水般的大笔交易。贝内代托建议说，任何商人都不应该相信自己的记性，"除非他像居鲁士国王那样可以叫出他整支军队中每个人的名字"。[5] 可以想见，音乐家和画家也许会追随他们古代的缪斯女神并拒绝量化，但商人从本性上讲就会量化他们的事务，而且为了留存记录，他们还会把那些事情清楚地记在羊皮纸或一般的书写纸上。

我们可以看一个例子。普拉托附近有一名商人叫弗朗切斯科·迪马尔科·达蒂尼，他喜欢在记分类账的开头写下"以上帝和利润的名义"这样的话，这个例子来自他经商生涯中的一个短暂时期。1394 年 11 月 15 日，他把一笔羊毛订单转给他在巴利阿里群岛的马略卡岛开的一家分铺。第二年 5 月，绵羊被剪了毛。风暴接踵而至，直到仲夏，他的代理商才将 29 麻袋羊毛发给达蒂尼，这批货经由加泰罗尼亚的潘尼斯科拉和巴塞罗那运到了意大利海岸的皮萨诺港，再从那里坐船运到了比萨。在比萨，这些羊毛被分成 39 捆，其中 21 捆给了佛罗伦萨的一位顾客，18 捆运往达蒂尼在普拉托的仓库，并于 1396 年 1 月 14 日抵达目的地。在接下来的半年里，这些来自马略卡岛的羊毛被拍打、挑选、涂油、洗涤、理顺、梳理，先纺成线，再织成布、烘干、拉绒和修剪、染成蓝色，然后还要拉毛起绒和修剪，最后再熨烫和叠好。这些工作是由不同工人群体完成的，例如，纺织就是由 69 名妇女在各自家中完成的。1396 年 7 月底，就在达蒂尼订购马略卡岛羊毛两年半之后，已经织好了 6 匹布，每匹大约 36 码，并可用于出售。这些布通过骡子越过亚平宁山脉运到威尼斯，从那里再运回马略卡岛销售。那里的市场不太景气，所以这些布被送到了巴伦西亚和巴巴里。部分在那里卖掉了，还有一些在1398 年又回到马略卡岛做最后的处理，这时距离达蒂尼订购这批羊毛已经过去了三年半。[6]

我们也许会对达蒂尼表现出的耐心感到奇怪，但想一想，他记录自己生意的能力是多么令人惊奇啊，而马略卡岛的羊毛还只是其中的一小部分。这个男人是怎么知道自己是成功还是破产呢？像达蒂尼这样的商人被驱使着发明了记账，而这和物理学家之后被驱使着学习微积分是一样的。这是他们了解业务进展的唯一希望。

西方中世纪晚期和文艺复兴时期的商人每天要处理如风暴一般的大量交易。16 世纪，驳船、轮船和骡车连接了那些最大的城市，并最终将每座欧洲城市，以及亚洲、非洲和美洲的更多城市联系起来。汇票、各种各样的期票，以及一般性的信用行为，打乱了事件的惯常顺序：生产总是先于交付，但付款可能先于交付甚至先于生产。付款是一种毫无疑问充满波动的事情，因为货币和汇票那彼此相关的价值总是起伏不定。

那些努力弄明白自己账目的商人是中世纪故事里的典型人物。乔叟《船长的故事》中的一位伙计要计算他的"财产是增加了还是减少了"，他把所有的账本和钱袋全都放

在面前的账台上，吩咐家里人这时别来打扰，而留妻子一
人与一位血气方刚的年轻修士待在一起。贤惠的妻子边敲
门边喊道：

> 你准备不吃不喝到几时？
>
> 搞账目、账本这一类东西，算来算去的，算不算
> 时间花费？
>
> 恨不得叫你这些混账去见鬼！

他回答说他很忙，做生意是件危机四伏的事，商人"生怕
错过了机会或遭到不幸"，然后就把妻子打发走了。结果呢，
可想而知。一套巧妙而合理的会计制度可能会使商人免于
很大一部分计算工作，在上述例子中甚至不止于此。[7]

一个人要如何记录一场暴风雪呢？气象学家会尽力去
做精确的定量记录。商人也不得不做同样的事。有些商
人很懒，试图把各种数字记在脑子里。达蒂尼抱怨说，他
们"就像搬运工，路上把自己的账算了二十次……天知道
他们是怎么做的！因为他们六个人中有四个既没有本子也
没有墨水，有墨水的也没有笔可用"。其他人则试图写下
一切。柯特鲁格利宣称，觉得笔是负累的商人不是真正的
商人。莱昂·巴蒂斯塔·阿尔伯蒂家族的一位长者贝内代
托·阿尔伯蒂建议，优秀商人的标志就是沾了墨水的手指。
1395 年，达蒂尼有一次甚至因为写得太多而累病了。"昨

晚我生病了，因为过去两天我一直在写，白天晚上都没睡
觉，只吃了一块面包。"[8]

通过记好账，优秀的商人把自己从"混乱和慌乱的巴
别塔"中拯救了出来。[9] 达致这一目的的关键技术被证明
是复式记账法。16 世纪，富格尔家族的会计马托伊斯·施
瓦茨（Matthäus Schwartz）称复式记账法是一面魔镜，内
行人可以从中看到自己和他人。[10] 在直接仔细检视这面镜
子（我想我们会在其中看到自己）之前，我们必须回到富
格尔家族成为大银行家族之前的几个世纪。那个时候没有
什么应收账款和应付账款，贷款很少，也没有会计。当时
也没有公司，没有企业，没有与具体某个人或某几个人分
离的经济实体。一个人不可能成为纯经济性质的机器中的
一个齿轮，因为没有这样的机器。没错，庄园与经济有关，
但它也与家族、社会、宗教和政治有关。修道院的经济效
益很高，有成排的劳动者在田地里劳作、照看磨坊，但它
首要地与宗教有关。

很多情况下，中世纪早期的商人，尤其在北欧，不过
是小商贩而已。这些商人不需要平账，因为根本没有这样
的账簿。他们几乎不会像我们一样平衡收支，要知道我们
在生活中，经常会发现自己周一出门上班时放在口袋里的
钱（用美国话来说就是"零用钱"）在周三就几乎花光了。
现代簿记可能开始于一种记录某个商人生活经历的日记，
一种混合了商业交易布告、军事胜败，以及社会事件的流

水账，所有这些都堆在一起，中间顶多隔一个标点——如果有标点的话。意大利人称之为ricordanza（"回忆录"），这倒也还不错，但人们要如何"平"日记呢？[11]

公元10世纪以后，商业在数量、价值和商品种类方面都有所增长。商人开始建立合伙组织，以汇集资金和专业知识，并对冲失败的风险，也就是说，划分和分配风险，将单个的可能发生的灾难分解成若干个不致命的不幸。他们发现合伙组织有一个复杂的性质：合伙组织经常比合伙人的寿命更短，但有时会比其中一个或更多合伙人活得更久。合伙组织的借贷也可以具有一种不朽的性质：借贷似乎是由合伙组织而不是实际的合伙人所欠下或借出的。

然后是债务和贷款的利息问题，利息会随着延迟还款而增加，如此一来，处理生意上混乱局面的成本就变得很高。通过代理人做生意会带来更多麻烦。随着商业的发展，大商人都待在家里，哪怕是最大的集市也不去参加，而是借助邮件，通过常驻在主要贸易城市的合伙人和代理人来运营。具体的交易情况显然要汇报给老板，但具体应该怎么做呢？应该报告什么，又要如何报告呢？过去庄园的管家向庄园主汇报时所用的那种无效率的方式没什么用。就像《坎特伯雷故事集》里的管家，要揩掉庄园主的利润简直太容易了：

他手段高明，很会讨主子喜欢，

　　　　拿主子东西借给或送给主子，

　　　　主子居然要谢他，还有衣帽的赏赐。[12]

即使是最诚实的会计，如果记账不够准确，也会带来诸多误解，而误解又会导致损失，损失又会带来愤怒。达蒂尼写给他的一位代理说："你连一碗牛奶里的乌鸦都看不到！"又对另一位代理说："你没有猫的头脑！从鼻子走到嘴巴你都会迷路！"[13]

　　简明而精确的记录日益成为必要。到1366年，印度－阿拉伯数字开始出现在达蒂尼账簿的某些地方。这是一种进步，或至少是一种进步的开始，但此后许多年，尽管已经有了更清楚和更抽象的复式记账法，他和他的会计们还是继续使用叙述的记账形式。我们能够看到达蒂尼从1366年到1410年之间每年的账簿，而1383年之前的账簿都是叙述式的。读者或审计师可以从中了解到1383年以前达蒂尼的生意。但最重要的信息，即在某个特定时刻，这家公司是否有偿付能力，则很难辨别。收入和支出，别人欠达蒂尼的和他欠别人的钱，这些都交织在同一张网中。也就是说，阅读达蒂尼1383年之前的账簿就像生活本身一样令人困惑：很容易忘了自己在哪里，想要做什么。之后在1383年，他和他的代理还有雇员开始使用一种新方法，最终使得记账这件事变得比生活更清晰。[14]

　　大约1300年，在那个眼镜、时钟、新艺术和乔托出现的奇妙时代，意大利的一些会计开始使用我们所说的复式记账法。可能，就其起源而言，复式记账法与代数（algebra，这个词来自阿拉伯语的 al-jabr，并非偶然）有关，其也将送进"磨粉机"的"谷物"分为两类，坚持一列中的是正，另一列的只能是负，反之亦然。[15] 我们知道的是，14 世纪初，佛罗伦萨银行在香槟地区市集的代理人里涅里·菲尼（Rinieri Fini）和在法国南部尼姆工作的托斯卡纳商人，已经在将自己的资产和负债分开记账。但这仅仅是个开始；很多技术语言、缩写和格式的特征都尚未出现，而这些东西我们现在会认为是记账的特点，甚至是不可或缺的元素。例如，14 世纪的许多商人会在账簿的前面部分记录收入，在后面部分记录支出，这就很难对二者进行比较。直到 1366 年，布鲁日的货币兑换商才使用现代的排列方式，将资产和负债并排放到同一页或对开页上，这种排列方式可能借鉴了意大利的做法。在托斯卡纳，这被称为 *alla veneziana*（威尼斯方法）。大约十五年之后，达蒂尼的企业开始尝试这种新方法。[16]

在这里举一个复式记账法技术早期尝试的案例会很有帮助，这种技术在那时虽然还很不成熟，但已经专注于"复式"了。1340 年 3 月 7 日，热那亚公社购买了 80 批胡椒，每批有 100 磅，每批价格为 24 里布（libbre）5 索尔多（soldi）。这一费用——也就是支出——被记在账簿的左侧。之后几天，与这些胡椒有关的劳务、称重、税费和其他事项的支出也都记在了左侧。三月的几单胡椒销售情况都记在右侧。然后，会计就会这样在账簿上忙活几个月，记录其他的业务往来。但复式记账法有一条铁律（规则有许多，但铁律只有一条），那就是，即便实际可能并非如此，也要保证所有账户达到平衡，而且最终必须确认是盈利还是亏损。当热那亚公社的会计遵守职业准则在第二年11月计算收支平衡时，他发现包括采购成本、税费等在内的各项费用，共计有 2073 里布 4 索尔多。当他加总胡椒账簿中的所有收入时，总数比费用少了 149 里布 12 索尔多。这一事实必须被确认并承认，会计要在账簿收入一栏最下方记下这一不可否认的亏损以平衡账目，这是使总数达到所需数目的唯一正确的方法。如果这个缺额出现在另一栏的底部，也就是说，多出来的 149 里布 12 索尔多是收入的话，那它就是利润，会计也会尽职地确认。（顺便说一句，公社的簿记员是用罗马数字 II LXX III * 写下了 2073 里布这个关键数量的。开头的"II"指的是"两千"，这种写法在这么大的数字里很常见。）[17]

　　我也许应该在此处停一下，我得承认复式记账法能确保清晰，但不能保证诚实。公社在胡椒上的投资看上去失败了，但可能这里还有更微妙的东西。也许公社是赊购，然后卖掉胡椒换取现金，以便快速筹集真正的货币，又或

---

* 这个数字由两部分组成，其中 LXX III 为 73。

者整笔买卖都是某种虚造,为的是掩盖支付被教会谴责为高利贷的利息。[18]

复式记账法的直接意义在于,它使欧洲商人能够通过精确清晰的数量记录,理解并控制他们经济生活中纷繁复杂的细节。机械钟使得他们能够衡量时间,而复式记账法使他们能让时间至少在纸上停留。

平衡账簿在一开始并不像今天这样像个神圣的仪式。14—15 世纪,无论用的是不是复式记账法,佛罗伦萨的商人记账时经常马马虎虎,而且对不那么平衡的平账结果也已经很满意了。俗话说的"差不多"是可以接受的。他们通常不会定期和在预先确定的时刻来平衡账目。有时,一两年甚至更久,他们才会开始做这项艰巨的任务。有时,他们只在账本写到最后一页时才开始做。然而,在一些过去生意的做法中,我们可以看到当今世人对财政精确性的崇拜已经初露端倪(路过财政精确性之圣坛时,诈骗犯尤其会小心地鞠躬)。负责管理达蒂尼在阿维尼翁的业务分部的合伙人,在每个财年结束时都会做一份资产负债表(bilancio)。在那座充满阴谋和腐败的城市里,在黑死病、王朝战争和非正式侵占的乱流中,弗朗西斯卡和托罗平了账。下面是一份有代表性的资产负债表:

阿维尼翁分部第 139 号红色秘密账本第 7 页的账目和结算。以下是对 1367 年 10 月 25 日至 1368 年 9

月会计期间的结算。

1368 年 9 月 27 日，我们的库存货品、家具和固定装置共计 3141 弗罗林 23 索尔多 4 第纳里（denari），如账簿所示。

f. 3141, s. 23, d. 4.

应收账款，如备忘录 B 和黄色分类账 A 所示，共计 6518 弗罗林 23 索尔多 4 第纳里。

f. 6518, s. 23, d. 4.

货品、固定装置和应收账款共计 9660 弗罗林 22 索尔多 8 第纳里。

f. 9660, s. 22, d. 8.

根据各分类账，总负债，包括上述两名合伙人弗朗西斯卡和托罗在本分类账第 7 页记录的投入资金总额，共计 7838 弗罗林 18 索尔多 9 第纳里。

f. 7838, s. 18, d. 9.

从 1367 年 10 月 25 日到 1368 年 9 月 17 日这一长达 10 个月 22 天的会计期间的利润，共计 1822 弗罗林 3 索尔多 11 第纳里。

f. 1822, s. 3, d. 11.

利润分成两部分，一份给弗朗西斯卡，一份给托罗：

第 6 页，给弗朗西斯卡贷记入他应得的一半利润，共计 911 弗罗林 2 索尔多。

f. 911, s. 2.

第 6 页，给托罗贷记入他应得的一半利润，共计 911 弗罗林 1 索尔多 11 第纳里。

f. 911, s. 1, d. 11.

二人要分享的索尔多数量是奇数，所以他们可能会投掷硬币看谁最后拿到。弗朗西斯卡赢了，得到了最后那 1 索尔多，而托罗只拿到了 11 第纳里，比 1 索尔多少了 1 第纳里。[19]

今天的会计用的文字和篇幅更少，而且他们会用划线栏使各类事项一目了然，如此也更方便在各个项目和总数之间做比较。即便如此，上面提供的例子仍不愧为中世纪理性与整洁的奇景。

通常被称为复式记账法之父的卢卡·帕乔利当然不是这种技术的发明者，因为他生活在复式记账法诞生大约两个世纪后。但毫无疑问，他第一个将自己的知识与约翰·古腾堡的技术结合起来，以印刷品的形式向世界说明这一技术。

帕乔利的幸运在于他的出生时机和地点。他出生在意大利最辉煌时代的中期，也就是欧洲文艺复兴初期，而且是在圣塞波尔克罗这个小城镇。与威尼斯和佛罗伦萨相比，这座小镇不大也没那么热闹，但这里是皮耶罗·德拉·弗朗切斯卡的家乡，而后者可能收了卢卡做自己的门徒。一个对数字颇有天赋的男孩哪怕是在全欧洲也找不到比皮耶罗更好的导师了，而且皮耶罗对卢卡也很有好感，还在不少于一幅的画里描绘了卢卡。[20]

帕乔利自立之后，离开圣塞波尔克罗前往威尼斯，住在那里的一位富商家中并给富商的儿子做家教。威尼斯是欧洲商用算术和簿记的创新中心，而且可能是有史以来第一个举办代数公共讲座的城市，无疑，这里是世界上研习数学最好的地方之一。在那里，帕乔利一边学习一边教学，而且他可能还以其学生父亲代理人的身份出国旅行，如此便获得了新商业实践的第一手经验。[21]

很可能是通过他们共同的朋友皮耶罗，帕乔利认识了莱昂·巴蒂斯塔·阿尔伯蒂。阿尔伯蒂请他到家中，并把他介绍给教皇周围的风云人物圈子。为了利用好这次引荐机会，一个神圣的名声是必要的，而在1470年代，帕乔利加入了方济各会。他以自己的方式表达虔诚，劝诫商人要在每本备忘录、日记账和分类账的开头写下天主的名；他对数学的欣赏带有神秘主义色彩，与其基督教新柏拉图主义者的身份很相称。[22] 但是，与创立了方济各会的那一代人相比，他是一个非常不同的成员。

帕乔利跻身意大利顶尖数学家之列，并在佛罗伦萨、米兰、佩鲁贾、那不勒斯和罗马的大学任教。他出了很多书，包括一本关于国际象棋的书、一部数学谜题和数学消遣游戏的合集，以及一本极其仔细翻译而成的欧几里得的书。他并非一个创新者，而是流行图书的译者和编纂者，因此对历史学家而言颇有价值。我们可以把帕乔利当一个指标来用，看看他那个时代的购书者，即那些受过良好教育的精英，认为重要的都是什么。[23]

他最重要的两本书，按照出版顺序，分别是 1494 年的《数学大全》和 1509 年的《神圣比例论》。前者是本实用书，面向所有有阅读能力并想学习数学之人，同时包含纯数学和商业数学的内容。因此，这也是他最重要的作品。后者的受众更窄，针对的是文艺复兴时期意大利的宫廷，以及那些有着业余爱好的贵族、充当侍从的知识分子。他们都渴望获得比基础的算术或几何学更高深的知识。雅各布·德·巴尔巴里（Jacopo de Barbari）绘制了卢卡·帕乔利的肖像画，这幅画现存于那不勒斯的卡波迪蒙特国家博物馆（图 16）。画中，帕乔利既严肃又自负，一只手放在打开的欧几里得书卷上，另一只手握着一根指示棒，指示棒一端抵着一个平面几何图形。他的左侧是一个几何体，右侧半空中则是一个玻璃棱镜，而近端背景中则是一位贵族赞助人，如果我们留意的话，就会发现他在盯着我们看。与皮耶罗的《受鞭笞的基督》一样，《神圣比例论》也是意大利文艺复兴初期先锋知识分子时尚的产物。

图 16 Jacopo de Barbari, *Portrait of Fra' Luca Pacioli*, c. 1500, Museo Nazionale de Capodimonte, Naples. Courtesy Alinari / Art Resource, New York.

　　帕乔利于 1497 年完成了该书的第一部分，当时他还是米兰斯福尔扎公爵那个人才辈出的宫廷中的一员。在那里，帕乔利有一位同伴兼指导者达·芬奇，后者肯定会发现自己与帕乔利所见略同。帕乔利曾写道，观看是最高贵的官能，而"眼睛是智慧感知事物的入口"。[24] 正是达·芬奇为《神圣比例论》绘制了几何插图。

　　正如作者在标题中明确指出的，这本书是新柏拉图主义的，甚至是新毕达哥拉斯主义的。第一部分是专门论述神圣比例或说黄金分割的，但并非我们此处关心的问题。

不过，我们可能会注意到这一部分也让约翰内斯·开普勒着迷。一个世纪后，他断言帕乔利的这部分内容比毕达哥拉斯定理更有价值。他说，后者我们可以把它比作黄金，而另一个"我们可以称之为珍宝"。[25]

《神圣比例论》的中间章节是关于建筑的，而最后的部分包含了皮耶罗·德拉·弗朗切斯卡几篇未发表的论文，探讨的是那五个迷人的柏拉图正多面体。帕乔利并没有明确指出这一部分的作者是他旧日的导师，而因为此处和其他未标明引用的借用之处，从 16 世纪乔治·瓦萨里的《艺术家生平》直到今天，他一直都备受谴责。此事有些复杂，因为在某些情况下，帕乔利确实引用了皮耶罗，而且可以想象，这位精通数学的修士是皮耶罗一些数学方面作品的原始来源。情况也很有可能是，这位正在展开编纂工作的修士，对向比自己优秀的人卑躬屈膝而感到沮丧，于是试图冒领这几篇论文的原创者之衔。[26]

帕乔利早期的《数学大全》是数学史上最重要的汇编作品之一。这本书厚达六百页，密密麻麻印满了文字，是囊括了各类数学的百科全书。在导言部分，作者向欧洲新近出现的有算数能力的人宣布，占星、建筑、雕塑、宇宙学、商业、军事战术、辩证法，甚至神学，这些统统都是数学。他还将透视法囊括在内，想使其位列"四艺"，另外还有音乐，他宣称音乐"不是别的，就是比例和均衡"。[27]

15 世纪，阿基米德和其他希腊数学家的作品被翻译出来，受此启发，代数和几何不断向前发展，而现在有了一本用意大利方言写成的书，白纸黑字地阐述了新与旧。两个世纪以来，商业算术日益清晰和高效，而现在有一本书对此进行了清晰的解释，而且还有一整个部分是有关货币和货币交换的。书中几乎每一个数字都是用新颖方便的印度—阿拉伯数字写的（而且，仿佛是为了防止我们认为现代这时已经到来，书中有一整页都在说明如何用古代的手指系统从 1 数到 9000）。

《数学大全》全书出版了两次，第一次是在 1494 年，第二次是在 1523 年。它为 16 世纪的数学，尤其是代数的许多进步奠定了基础。数学家吉罗拉莫·卡尔达诺（Girolamo Cardano）和尼科洛·塔尔塔利亚（Niccolo Tartaglia）盛赞它的影响，拉斐尔·邦贝利（Raffaele Bombelli）则说帕乔利是自 13 世纪的列奥纳多·斐波那契以来第一个为代数科学带来新启示的人。半个世纪的时间里，帕乔利的启示一直闪耀着光芒，但随着意大利和法国更亮的光芒出现，他也渐渐暗淡下来。[28]

帕乔利最持久的影响并非作为新柏拉图主义的预言家或数学老师，而是作为一名记账方面的导师。他以书面形式对记账这项技术做了清晰、简洁的解释。《数学大全》有关记账的部分，即《账目与其他写作》，在 16 世纪分别有意大利语、荷兰语、德语、法语和英语的不同版本，而且也被广泛抄袭。19 世纪，他有关簿记的文章有了德文和俄文译本，美国出版的复式记账法说明书称这种方法是"真正意大利式的"，这是对发明此方法的意大利发明家致敬，也是在向帕乔利致敬，他在哥伦布第一次从美洲返航之后不到一年就出版了有关这一技术的指导书。[29]

帕乔利将哥伦布这位成功的商人比作"世界上最警觉的动物，即公鸡，无论冬夏，公鸡都会守夜，从不休息"。[30]帕乔利在解释中提到，一位忙碌的商人可能期望与威尼斯、布鲁日、安特卫普、巴塞罗那、伦敦、罗马和里昂的银行做生意，与罗马、佛罗伦萨、米兰、那不勒斯、热那亚、伦敦和布鲁日的合伙人、代理人、顾客、供应商有业务往来。这些城市有着不同的度量衡标准、不同的货币，以及不同的做生意的方式。帕乔利指责说："如果你不能当一个优秀的会计，你就会像盲人一样摸索着前进，可能会遭受巨大损失。"[31]

良好的簿记对好的合伙关系至关重要："经常算账，友谊长存。"良好的簿记使商人能一眼看到盈利和亏损（类似医生所说的"生命体征"）。良好的簿记能让我们看到短期和长期的各种趋势。[32]

要想获得一套精确记录的账簿，第一步就是要搞清初始情况，也就是说，要做一次存货盘点。[33]这位修士建议，这件事应当在一个特定日子里完成，因为一个人的事务可能每天都在变化。存活盘点应该这样开始，举个例子："以天主之名，1493 年 11 月 8 日，在威尼斯。以下是我自己在威尼斯圣使徒大街上的库存清单。"之后，人们应该列出自己家中和商铺的所有东西：现金、珠宝、金子，并标明每件物品的重量；接下来是衣服，要描述每一件的款式、颜色和状况；然后是银器，同样要有完整的描述，不仅要包括重量，还要有成色；之后是亚麻布床单、桌布之类的，还有羽毛褥垫，等等。接下来，人们应该去库房，准确记录库房里香料、染料木材、毛皮等每一样东西的重量、数量和尺寸。再然后，人们应该记录名下所有的不动产和存款，要详细写明地点、租金和利息，以及这两样下每一项的全部情况。最后，人们应该用白纸黑字列出自己的信用状况：贷出了多少钱，贷给了谁，要有完整的姓名和相关记录的参考信息，还要有一定的评估；有多少贷款贷给了那些会偿还的人，有多少贷给了那些赖账不还的人；欠了多少钱，欠谁的，同样也要写得很详细。[34]

做完这些，商人就可以开始记账了。就此而言，他应该记三本账，即备忘录、日记账和分类账，每种账可能都有好几卷。每本账都应该标上"圣十字的标志，因为在这荣耀的标志面前，所有属灵的敌人都会逃跑，所有的恶魔在它面前都会颤抖"。这些卷册的每一页都要编号，以免有人为了不诚实的目的而撕下几页、隐瞒事实。[35]

备忘录应当包括每笔交易的书面记录，无论大小，无论使用何种货币，并且在时间和条件允许的情况下要尽可能详细。一些商人会把库存信息放进备忘录里，但帕乔利建议不要这么做，因为这本账会放在柜台上，每个人都可能会看到，"而让别人看到和知道你有什么是不明智的"。备忘录相当于一个庞大而繁杂的原始数据集，另外两本更有条理的账簿都是根据它来编制的。日记账（同样应该保存在只有商人和他授权之人能看到的地方）是将备忘录潦草记下的交易按日期重新整理，它去掉了无关的细节，在原始数据的混乱之上施加了秩序。例如，每条记入日记账的完整交易应当以该企业选定的单一货币来表示，"因为加总不同种类的货币是不正确的"。说到"记账货币"（参见本书第三章），帕乔利推崇的是以达克特金币为基础的威尼斯货币。日记账主要关乎收入与支出，而帕乔利建议应该用 Per 来表示借记（debit），用 A 来表示贷记。[36]

日记账是分类账的基础，而分类账要用复式记账法来编制。正是借助分类账，商人就可以在别人之前知道自己是成功还是失败。在这里，每笔日记账分录（journal entry）都要录入两次，根据日记账，资产项录入一侧，而负债项录入另一侧。每笔交易都是为了获取某些商品、服务、贷款，以换取现在或将来会提供的东西。每笔交易都是"复式"的，有进有出，就像呼吸一样。因为每笔分录都是"复式"的，分类账就比日记账更长，所以帕乔利建议为其做一个索引，按字母顺序列出贷方和借方——这种有益的做法很可能是商人从经院哲学家那里学来的，但不一定是直接学的（此处同样参见本书第三章）。

帕乔利建议，要平分类账，可以取一张纸（自 13 世纪开始意大利就有纸了）[37]，在左侧列下借方总额，在右侧列明贷方总额，然后分别加总两栏数据，并进行比较。如果所有借方的总额，"即使有一万那么多"，等于除已经确认的利润或亏损外的所有贷方的总额，那么这些账目很可能是准确的。如果总额不相等，那就是某个地方算错了、遗漏了或者有谬误。你要"勤勤恳恳地"寻找那个或那些错漏之处。从帕乔利开始，每名会计都很熟悉这项工作，这是一项足够艰辛的工作，甚至可以用来考验新柏拉图主义者对造物对称性的信仰。

如果收入大于支出，那就万事大吉。如果情况正好相反，那它就会像舌尖上的苦艾一样不可否认："愿上帝保佑我们每一个真正的好基督徒，不让这样的事发生。"[38]

复式记账法并没有改变世界。它甚至对资本主义来说都不是必要的。例如，富格尔家族不用靠它就在 15 世纪赚了一大笔钱。[39] 它不像哥白尼的日心说那样是智力上的杰作，而且文人和博学之士都曾嘲笑簿记员的账簿并不比木匠铺子地上的锯末和刨花更有价值。我们尊敬塔楼里的蒙田、牢房里的圣胡安·德·拉克鲁斯（San Juan de la Cruz）、拿望远镜的伽利略，但想到拿着账簿的卢卡·帕乔利，我们并无任何崇敬之情。事实上，想到把他和这些人放在一起，大部分人都会觉得事情有些荒谬，就像把一匹运车用的马放进纯种马里一样。但是，相比于我们的实践，我们的品味对文化和社会发展的影响其实小得多。簿记对我们的思维方式产生了巨大而普遍的影响。

无论过去还是现在，复式记账法都是一种处理大量数据的方法，可以吸收并保存此前都是流失或丢失掉的数据，然后整理并试图理解它们。它发挥了很重要的作用，使文艺复兴时期的欧洲人和他们在商业、工业和政府中的继承者，能够开始并维持对自己企业和官僚机构的控制。今天，计算机的计算速度是修士帕乔利根本难以想象的，但二者还是在同样的框架下运作的（应付账款、应收账款，等等）。这位有效率的修士教会我们如何迫使杂货店和国家——它们总是像过度活跃的孩子那样嗖嗖地变动——站着不动，接受测量。

所谓的"威尼斯方法"鼓励我们将一切都划分为黑或白、善或恶、有用或无用、问题的一部分和解决方案的一部分，即非此即彼的两部分，这通常有用，有时也有害处。西方历史学者在寻找经久不衰的摩尼教源头时，会指向波斯先知摩尼本人，也会指向亚里士多德和他的"排中律"概念。我想说的是，这些人的影响不如金钱，金钱在资产负债表上相当有力地为我们说明了这一点。金钱从来不是什么中间的东西。每当一个会计把其视线范围内的所有东西分为正负时，我们将所有经验归类为这样或那样的倾向就确凿无疑地展现了出来。

在过去的七个世纪里，相比于哲学或科学领域的任何单一的创新，簿记在塑造更聪明头脑的认知方面发挥了更大的作用。在少数人思考笛卡尔和康德的话语时，成千上万不安而勤勉的灵魂则在简洁的账簿中写下一条条分录，然后将这个世界合理化，以与他们的账目保持一致。对我们的科学、技术、经济和官僚实践来说，精确必不可少，但它在中世纪很罕见，而更罕见的是定量。例如，16 世纪时，图尔的格列高利主教算出了自创世以来的年数，根据现存手稿，他错加了 271 年。中世纪的读者似乎很少注意到这一点，即使他们注意到了，也很少在意。

与格列高利的不精确相对，读读下面帕乔利给出的备忘录条目范例。它似乎来自另一个世界，从某种意义上说，也确实如此。

这一天，我们（或我）已经从布雷西亚的菲利波·德·鲁菲尼那里买了 20 件白色的布雷西亚布。它们被存放在了斯特凡诺·塔利亚彼得拉的保险库里，按照约定，每件布都有几臂长。每件布成本为 12 达克特，并都标有具体数字。还要提到这种布是否由三重经向楞纹织成，是否有四到五个臂长见方，是宽布还是窄布，精细还是中等，是贝尔加莫、维琴察、维罗纳、帕多瓦、佛罗伦萨还是曼图亚产的。还要说明交易是完全用现金进行的，还是部分用现金、部分用赊购完成的。要说明还款期限，以及是否部分用现金、部分用实物来支付。[40]

正如帕乔利所写的，意大利的城市中产阶级学生上的不是主教座堂学校或大学，而是算盘（abacco）学校（你可以想象它们就是为商人和他们的副手开办的职业学校），[41] 他们在类似下述的问题上磨练自己的数学技艺：

> 托马索、多梅内哥和尼科洛三人结成了合伙关系。1472 年 1 月 1 日，托马索投入 760 达克特，而 4 月 1 日支走 200 达克特。1472 年 2 月 1 日，多梅内哥投入 616 达克特，而 6 月 1 日支走 96 达克特。1473 年 2 月 1 日，尼科洛投入 892 达克特，而 3 月 1 日支走 252 达克特。1475 年 1 月 1 日，他们发现已经赚了 3186 达克特 13.5 格罗西（grossi）。在无人受骗的条件下，试求三人各自享有的份额。[42]

1200 年，阿西西的圣方济各生活在一个充满神秘和不可控力量的世界，他通过拥抱贫穷获得了成功。两百年后，方济各会修士卢卡·帕乔利写了一部经典的还原论著作，阐明了若干种技术，这些技术将世界还原为正和负，还原为某种可视的、定量的，也因此是可以理解的且可能是可控的东西。他从教皇那里得到了拥有个人财产的特许状，并且似乎将 500 达克特给了他的继承人。[43]

　　图 17 展示了帕乔利簿记的最后一页。最上面三分之一的部分是有关"商人需要记录的事项"的讨论，下面三分之二的部分讲的则是"分类账登记说明"。看到用黑体字写的意大利语真是太奇怪了，这种字体现在通常被称为哥特式字体，其在 1490 年代非常流行。注意，除了最大的、表示年份的数字，帕乔利使用的都是印度-阿拉伯数字。和我们一样，帕乔利用罗马数字展示大的、宏伟的和令人敬畏的效果。他建议"如果只是为了更优美，请使用古代字母来做这条记录吧"，不过他也补充说"因为这无关紧要"。[44]

Casi che acade mettere ale recordançe del mercante.

Tutte lemasseritie di casa o di bottega che tu ti truoui. Ma vogliono essere per
ordine. cioe tutte le cose di ferro da perse con spatio da potere agiongnere se bi
sognasse. E cosi da segnare in margine quelle che fussino perdute o vendute o
donate o guaste. Ma non si intende masserini minute dipoco valore. E fare re
cordo di tutte le cose dottone da perse comme e vetro. E simile tutte le cose distagno . E si
misterutte lecose disengno. E cosi tutte le cose dirame. E cosi tutte le cose dariento e doro zc.
Sempre con spatio di qualche carta da potere arrogere se bisognasse. e cosi vadare nonfa
di quello che mancasse. Tutte lemalleuerie o obbrighi o promesse che promettessi per qual
che amico. e chiarire bene che e comme. Tutte lemercantie o altre cose che ti fossero las
sate i guardia o a serbo o i pstança da qlche amico. e cosi tutte lecose ch tu pstassi a altri tuoi
amici. Tutti limercati conditionati cioe copre ovedite come p ere eploino cotrato cioe ch
tu mi mandi con leprossime galee che torneranno dingbiterra tanti cantara di lane dilumi
stri a caso che le sieno buone e recipienti. Jo ti daro tanto del cantaro o del cento o verame
te ti mandaro alincontro tanti cantara di cottoni. Tutte le case o possessioni o botteghe
o gioie che tu affictassi a tanti duc. o a tante lire lanno. E quando tu riscoterai ilsitto aloza dl
lordinari fanno a mettere al libro comme disopra si dissi. prestando qualche gioia o vasella
menti dariento a doro a qualche tuo amico per otto o quidici giorni diqueste tale cose nõ
si mettono al libro. ma sene fa ricordo ale ricordançe. perche fra pochi giorni lui hariauere.
E cosi per contra se a te fossi prestato simili cose non li debbi mettere al libro. Ma farne me
moria alericordançe perche presto lai e rendere.

Comme si scriuono lire e soldi e danarie altre abreuiature.

Lire	soldi	danari	picioli	libbre	once	danarpesi	grani	carati	ducati	fiorin larghi
₿	₿	ð	p̄	libbre	₲	oƥ	g̅°.	ҡ	duc.	fio.lar

Come si debbe dettare le prtie de debitori.

Mdcccc° Lxxxxiij°.

Lodouico dipiero forestãi
de dare a di.xiiii.nouembre.
1493.8.44.s.1.ð.8.porto
contãti in pstança.posto cas
sa auere.a car. 2   8   44 ƀı ð8.

E a di.18.detto 8.18.ƀ.11.ð.
6.promettemo p lui a marti
no dipiero foraboschi asuo
piacere posto bere i qsto.a c.2.8   18 ƀıı ð6.

Cassa i mano di simone da
lesso bobeni de dar adi.14.
nouebre 1493.8.62.ƀ.13.
ð.2.da francesco dantonio
caualcanti in qsto a c.2   8   62 ƀı3 ð6.

Martino di piero fora bo
schi de dare a di.zo.nouem
bre.1493.8.18.ƀ.11 ð.6.por
to luimedesimo contãti po
sto cassa a car. 2.   8   18 ƀ11 ð6.

Francesco dantonio caual
cãti de dare a di.12.di noue
bre.1493.8.20.ƀ.4.ð.2.d.p
misse anostro piacer p lodo
uico di pieroforestãi a c.2. 8   20 ƀ4 ð2.

Come si debbe dittare le prtie di creditori.

Mdcccc° Lxxxxiij.

Lodouico dipiero forestãi
de hauere a di.22.nouebre
1493.8.20.ƀ.4.ð.2.sono p
parte di pagamento. E per
sui celia promissi a nostro
piacere fracescho dantonio.
caualcãti posto dare a c.2.8   20 ƀ4 ð2.

Cassa in mano di simone
dalesso bobeni de hauere a
di.14.nouebre.1493.8.44.
ƀ.1.ð.8.alo douico di piero
forestani in qsto. a car. 2. 8   44 ƀı ð8.

E a di.22.nouembre.1493
8.18.ƀ.11.ð.6.a martino di
piero foraboschi.a ca. 2. 8   18 ƀ11 ð6.

Martino di piero fora bo
schi di hauere a di.18.noue
bre.1493.8.18.ƀ.11.ð.6.gli
pmettemo a suo piacere p
lodouico di piero forestãi
posto obbi bere i qsto a c.2.8   18 ƀ11 ð6.

Francescho dãtomo caual
canti de hauere a di.14.no
uebre.1493.8.62.ƀ.13.ð.6.
reco lui medesimo cõtã po
sto cassa dare a.car.2.   8   62 ƀ13 ð6.

图 17　A page from Luca Pacioli on bookkeeping, 1494. John B.
Geijsbeek, *Ancient Double-Entry Bookkeeping*（Houston: Scholar's
Book Co., 1974）, 80.

第三部分

尾 声

因为如果没有数学的帮助和介入，自然界的许多部分都不能以足够的精巧来发明，也不能以足够的敏锐来证明，更不能以足够的灵巧来配合使用：其中包括透视学、音乐、天文学、宇宙学、建筑学、工程学以及其他许多方面。

弗朗西斯·培根（1605）

我经常说，当你能测量你所讲的东西并以数字来表示时，你就对它有所了解；但当你不能测量，也不能以数字表示时，你的知识是微不足道和不令人满意的。

开尔文勋爵威廉·汤普森（1891）

第十一章

新模型

从 14 世纪末前后那不可思议的几十年开始（这几十年在认知方面发生的剧变在爱因斯坦和毕加索的时代之前都是绝无仅有的），直到后来几代人的时间里，时快时慢，在这样或那样的心态环境中，西欧人发展出了一种更加纯粹地依靠视觉和定量的新方式来认知时间、空间和物质环境。

视觉无论在过去还是现在都像是位执鞭人和侵略者，侵犯了其他感官的领域。按编年顺序在羊皮卷和纸上记录事件，你就相当于拥有了一台时间机器。你可以后退一步，同时观察起点和终点。你可以改变时间运动的方向，也可以让时间停止，以便仔细研究一个个独立事件。如果你是一名会计，你可以逆向查找错误；你可以编制一张资产负债表，就好像是给呼啸而过的交易风暴拍一张静态照片。你可以将一个序列与另一个序列仔细地相互对照，或者用另一个或另几个序列对其补充，所有这些序列都按照各自的速率行进。或者，你可以从当下开始并触发反向运动，甚至还可以同时向前后两个方向运动。

西方作曲家在 13 世纪和 14 世纪就开始尝试这样的冒险了，他们创作了伟大的杰作，像今天一样，令音乐家和数学家都倍感愉悦。

视觉使它的狂热爱好者们能够从几何角度观看和思考空间。视觉迷对光充满敬畏，因为光看上去会迅速以椎状和球状辐射扩散开来，而且在欧几里得式的文本中，光也和图表一样整洁，如此，视觉迷们在视觉的引导下，走向了文艺复兴时期的透视法，还由此创作了一些放在所有时代都称得上最伟大的作品，并进而走向了一种全新的天文学。

视觉迷所获得的最大优势，不是别的，正是视觉能兼容用均匀单位量进行的测量。经院哲学家、方济各会总教长圣波拿文都拉宣称"上帝就是光，在纯字面的含义上"[1]，事实上，无论在时间还是在空间中，它都是一致的。其中明白而神秘（luminous-numinous）的蕴涵是，如果精确测量的话，一里格在各处测量的结果都是一样的，而且什么时候测量的结果也都是一致的，一个小时也是如此。西方人是对光着迷的一神论者，他们对测量一切的倾向感到自豪。

实践中，新方法大概是这样的：将你思考的东西分解到定义所要求的最低限度；在纸上，或至少在脑海里，将其视觉化，不管是香槟市集上羊毛价格的波动，还是火星在天空中的运行轨迹，然后，在实际中或想象中，按照等量的定量单位对其进行划分。如此一来，你就可以测量它，也就是说，数出它有多少定量单位。

这样，你就有了你所调查对象的定量描述，无论这有多么简化，甚至还有错漏，但它无疑是精确的。你可以对其进行严格的思考。你可以对其做处理，用它做实验，就像我们今天用计算机模型做的那样。[2] 它在某种程度上是独立于你的。它会驳斥你最强烈的主观愿望，并迫使你进行更有效的推测，而语言表述很少会有这样的效果。是量化，而非审美或逻辑本身，阻止了开普勒把太阳系塞进他钟爱的柏拉图正多面体的所有努力，并激励他继续下去，直到他不情愿地提出他的行星定律。[3]

视觉化和量化，二者一起折断了束缚现实的挂锁（至少这锁足够牢固，锁得也足够久，以至于在其中也收获了一些成果，还可能发现一两个自然定律）。

自然似乎乐见这种方法（这是最伟大的奇迹），而人类的心智似乎也很擅长视觉化和算术。开普勒四百年前就曾说过："只有借助这些 [数字] 我们才能理解得正确，而且如果虔诚允许这么说的话，我们在这方面的理解力与上帝的理解力是同一种，至少就我们能在这尘世理解的程度看，的确如此。"[4]

早在 1444 年，拜占庭大使、枢机主教贝萨里翁（Bessarion）给家人写信时就说，应该把年轻的希腊人秘密送往意大利去学习手工技艺。[5] 西方人早已在发明创造和机械利用方面走在世界前列。15 世纪末，在制图、航海、天文、商业和银行业务，以及在应用数学和理论数学领域，他们要么与其他人并驾齐驱，要么遥遥领先。16 世纪末，他们又扩大了原有的领导优势，并在新的领域独占鳌头。

西方当时的领先地位，总体来看远不及 19 世纪那样明显（可以说，这之间的差距就像蒸汽船和小帆船之间的差距），而且在某些领域，西方仍然落后。比如，奥斯曼军队的组织和训练都比西方军队更好：1529 年，土耳其人就曾兵临维也纳城下。再比如，中国人对诸天的看法和西方人的不同，他们认为没有所谓的透明球体，只有漂浮在太空中的天体，这其实比西方人的看法更接近真实。但在感知现实的方式上，西方人有巨大的领先优势，他们也因此可以推理并巧妙地处理现实。西方培养了伊维塔·泽鲁巴维尔所谓的现代文化的理性主义特征："精确、准时、可计算、标准、官僚、严肃、恒定、协调良好，以及程序化。"[6] 我们可以补充说，所有这些都与视觉和定量有关，或至少有几分它们的味道。

印刷术提高了视觉化的威望，并加速了量化思维的传播。对更多图书的需求催生了大学周围的文具店（*stationeries*，可以称之为出版社），在这些文具店中，相

比之前，使用新式哥特字体的抄写员以更快的速度抄写出
了更多的图书。[7] 之后，在 1450 年代，德意志美因茨的金
属制品工约翰·古腾堡开始用金属活字、特殊配方的墨水，
以及由古代葡萄榨汁机改造而成的印刷机来印制图书。这
一事件远比同时期君士坦丁堡被土耳其人攻陷重要得多，
尽管当时没有人这样认为。印刷术（这是一个单一且武断
的名称，其实它结合了一系列的发明）的传播速度超过了
时钟出现之后的所有新式机械。到 1478 年，印刷术已经
传播到了伦敦、克拉科夫、布达佩斯、巴勒莫、巴伦西亚，
以及它们之间的许多城市中。到下个世纪，数以百万计的
图书被印刷出来。[8] 与东方社会不同，西方社会渴望借助
纸上的标准化标记来学习。

　　这种渴望的影响范围过大，此处无法详述，而且伊丽
莎白·L. 艾森斯坦已经对其做了广泛而深刻的分析。[9] 我
们将满足于最后一个考古壕沟，一个直接受印刷地震影响
的地层。

　　西方的科学和工程插图在 15 世纪和 16 世纪达到了
一个早期的、艺术上无与伦比的高峰。在欧洲第一本印刷
图书出版前的半个世纪里，塔科拉（Mariano di Jacopo,
Taccola）就利用乔托和阿尔伯蒂的绘画手法（将画面看作
一扇窗户，通过这扇窗，观者从一个单一视点看到一个视
觉上真实的场景），开创了现代的工程制图。接下来的一
两代艺术家和艺术工匠发明了许多绘画手法，有剖面图、

透视图和透明视图，工程师、建筑师、解剖学家、植物学家等人借助这些手法向读者展示了无法用语言文字描述的东西。弗朗切斯科·迪·乔治·马尔蒂尼（Francesco di Giorgio Martini）为我们绘制了一幅难以用语言描述的双向蝶阀泵的素描图，达·芬奇在一幅画中展示了为人熟悉的左侧头骨外表面，并以剖面图的形式展示了头骨的右侧，让我们得以窥见神秘的内部。[10]

随着印刷术的发展，精密的技术插图的用途和意义日益凸显。抄写员可以复制文字，最多有些小的错漏，但他们从来不会复制复杂或精细的插图。（设想一下，让那些为了赚够学费而在文具店里乱涂乱画的穷学生复制 100 张达·芬奇绘制的头骨画像。）另一方面，印刷工人可以一份份地完美复制装入印刷机中的各种材质的印版，无论是木质的、金属的还是石质的。

卢卡·帕乔利提供了一张正二十面体的透视图版画，一下子就能让摸不着头脑的几何学学生理解了什么是正二十面体。切萨雷·切萨里亚诺（Cesare Cesariano）将图和表结合在一起，清晰地呈现了杠杆的实际运作和几何函数。这一趋势在 16 世纪中期达到了高潮，当时乔治·鲍尔·阿格里科拉（Georg Bauer Agricola）所著《坤舆格致》（*De re metallica*）中的各类技术图纸、阿戈斯蒂诺·拉梅利（Agostino Ramelli）所著《奇异精巧的机器》（*Diverse et artificiose machine*）中的精美插图，以及维萨里（Andreas Vesalius）所著《论人体结构》（*De humani corporis fabrica*）中至今仍具有科学启示且在艺术上无与伦比的人体解剖插画都已出版。[11]（见图 18，这是由之后的一位艺术家和解剖学家胡安·巴尔韦德·迪阿穆斯科从维萨里的著作中抄袭而来的。*）如果没有印刷插图，就很难想象 16 世纪末和 17 世纪的科学革命，要知道当时许多东西在分析前和分析过程中都被视觉化了。

　　文艺复兴时期的透视法，不仅使西方人可以在平面上对物质现实进行精确的描绘，还可以让人把玩这些描绘，能够以可控的和有益的方式拉拽它们。人类至少在二维空间中可以扮演一回上帝。丢勒在阿尔伯蒂的基础之上，于 1537 年出版了一本有关透视法的高阶分析和指导原则的专著。他演示了画在阿尔伯蒂网格上的人脸如何以这样或那样的方式被拉伸，这种拉伸改变了整体的形状，但神奇的是，它并不会扭曲五官的比例（图 19）。

　　丢勒的书在制图师中流传，就像托勒密的著作曾在艺术家中间流传一样。杰出的荷兰地图绘制者亚伯拉罕·奥特里乌斯（Abraham Ortelius）也有这部著作，而且很可能杰拉杜斯·墨卡托（Gerardus Mercator）也非常熟悉丢

---

*　巴尔韦德最著名的作品为《人体构成史》（*Historia de la composicion del cuerpo humano*），1556 年在罗马首次出版，包含 42 幅雕刻铜版插图，除了 4 幅外，都是几乎直接取自维萨里，并因此受到后者的激烈指责。不过，巴尔韦德偶尔也会在细节上进行纠正。另外，图 18 似乎应该是他的原创。

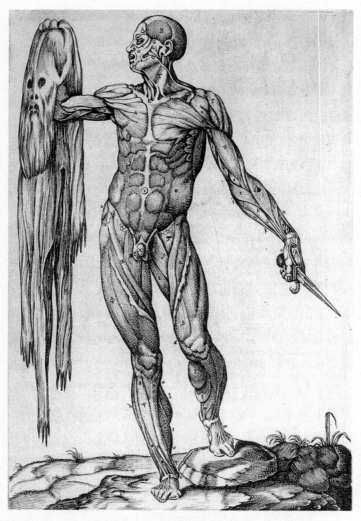

图 18   A page from Juan Valverde di Hamusco's *Anatomia del corpo humano*, 1560. Courtesy Harry Ranson Humanities Research Center, University of Texas, Austin.

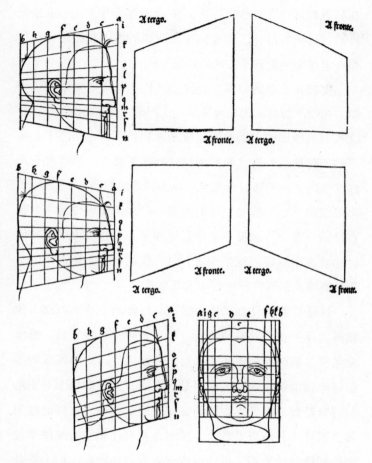

图 19　A page from Albrecht Durer's *De varietate figurarum, 1537*. Owned by Abraham Ortelius. Courtesy Chapin Library of Rare Books, Williams College, Williamstown, Mass.

勒的透视法。[12] 很可能的是，16世纪结合了视觉-定量绝技的最伟大的绝技，即我们今天所说的墨卡托投影，至少在一定程度上受到了丢勒的启发。

比起徒手绘制的海岸线图，波托兰航海图复杂不了多少，在欧洲的封闭海域也许够用，但对于未知水域的航行，这些旧的地图和古老的智慧就毫无用处了。无奈之下，水手们不仅把他们自己和船的生死押在罗盘上，还要押在那些对他们来说很新且天文学家也不熟悉的仪器上，如星盘、象限仪和十字星标尺，他们不得不根据天体的位置来判断自己的位置。当北极星最终在葡萄牙人驶往非洲南部和印度的航线中滑落到地平线之下时，他们学会了通过正午太阳的高度来估算自己所处的南北方位。

这些仪器和日益积累的远洋航行经验，帮助西欧人横渡各大洋并找到返航的路线，但很多时候也得靠猜。航海家需要精确的航海图才能确定罗经航向。以直角画成的等距经纬线地图让人以为世界是平面的，这样的地图对短途航行有帮助，但世界是圆的，在长途航行中，这样的地图就会误导人甚至带来危险。按照继承自托勒密的制图学投影体系绘制的地图，虽然对地球表面的描绘在几何上符合现实且有学术意义，但对那些需要横越大洋而非一片内海的水手来说，就没什么帮助了。[13]

纬线也被称为平行线，因为它们的确就是平行的。经线和子午线则不是：它们是曲线，会在两极相交。在一张像方格纸那样画出了交叉平行线的图上，方向恒定的航线（罗盘方位线）是一条直线，但实际在地球表面上并非如此（除非正南正北或正东正西之间的航线，但这种航线几乎没什么用）。罗盘方位线依次以略微不同的角度与每条弯曲的子午线相交，而且方位线本身也是曲线。领航员面对着一个多重悖论：他需要的是圆形世界的平面地图，如此才能在上面画出航线，而航线虽然是用直尺画出的，但在现实中是一条曲线。

葡萄牙地理学者佩德罗·努涅斯（Pedro Nuñez）发现，始于赤道的定向航线（同样地，除非正南正北或正东正西之间的航线）是一条终结于极点的螺旋线。他所说的螺旋形的航线显然吸引了佛兰德斯的制图师墨卡托，后者在自己的第一个地球仪上就绘制了一组这样的螺旋航线。[14] 1569 年，他出版了一幅世界地图，声称是"修订后供航海人员使用的新的且更好的对世界各地的描绘"，在这幅地图上，"以纬线为参照，利用新的比例和对子午线的全新排列"，他将弯曲的航线拉直了。他把子午线画成平行线，这种对现实的扭曲堪称离谱，极大地扩大了向极地区（poleward areas）的大小。他还增加了纬线之间的距离，从赤道向两极，纬线间距会以经线间距人为扩大的比例扩大，这就造成了进一步的扭曲。结果就是，北方的土地——例如格陵兰岛——与更靠近南方的区域的比例，在地图上要比在实际中大得多。但是（一个非常有用的"但是"）水手们可以利用墨卡托投影在地图上用直线标出罗盘方位线。[15] 就像丢勒那个扭曲的头部一样，虽然某个单一特征保持不变，但代价是牺牲了其他的一切。

阿尔伯蒂透视法是要努力保留尽可能多的视觉化空间和方向上的精确度，而且在将三维空间变为二位平面的过程中尽可能保持和谐。16 世纪的矫饰主义画家为了追求戏剧效果而扭曲了阿尔伯蒂透视法。波托兰航海图和托勒密的地图是要在一张平面上描绘地球这个球体的同时，最大限度地保留方向上和空间上的精确性。墨卡托之所以制作了一幅扭曲了尺寸的地图，只有一个原因，那就是为了方便海员。这堪称视觉层面的一大壮举。

他没有对自己的投影图做什么数学解释，这也许是因为和乔托一样，他的工作都是在经验和猜测的基础上展开的，而不是基于严格的理论。英国人爱德华·赖特（Edward Wright）在他 1599 年出版的《航行的若干错误》（*Certaine Errors of Navigation*）一书中提供了相应的数学解释。他可能在复杂的计算中使用了一种早期形式的对数制，对数制被誉为文艺复兴时期的最后馈赠和苏格兰给数学的第一份礼物，由默奇斯顿城堡的第八代领主约翰·纳皮尔（John Napier）提出。[16]

纳皮尔于 1590 年代研究对数，但这位狂热的加尔文主义者被当时的宗教纷争分散了注意力。他写了一篇关于《圣经·启示录》的论文，称罗马为"所有精神上的偶像崇拜的根由"。他还计划用巨大的镜子把太阳的光线集中在敌舰上,"在任何指定的距离上"摧毁它们。一般人都认为他是魔鬼的爪牙,就像对许多数学家的看法一样。直到 1614 年,他才出版了《奇妙的对数表的描述》(*Mirifici logarithmorum canonis descriptio*)一书,满篇都是各种纵横交错的、一个接一个的、瀑布般的数字、数字、数字。[17]

西方在 16 世纪是独一无二的。在利用和控制客观环境的能力方面,它比其他任何大型社会都发展得更快。在科学技术、远距离展现权力的能力,以及因时制宜发明新的制度和新的商业、官僚技术方面,几乎没有其他社会能与西方社会相提并论。硬币的另一面则是西方的不稳定。西方社会摇摇晃晃,嘎嘎作响,不断发出嘶嘶声,好像要把自己弄得七零八落,而且它也差点儿散落一地。

疯狂时代的清醒者蒙田曾抗议宗教战争和随之而来的肆意破坏,他说战争"如此邪恶,如此具有破坏性,它毁灭了一切,也毁灭了自身,将自己撕成了碎片"。他谴责巫术的盛行,评论说"这是过于看重你自己的猜测,为此还要活活烧死一个人"。西方为了寻求虔诚的确定性而展开屠杀——例如,消灭明斯特的再洗礼派教徒——而且以焚烧等方式消灭了全世界成千上万的女巫、术士和狼人。[18]

西方曾嘶嘶作响,摇摇欲坠,但还是幸存下来并最终繁荣。我们这里所说的新模型——可视的和定量的——弥补了对现实奥秘的传统解释中存在的令人不安的不充分之处。新模型呈现了审视现实的新方法，还提供了一个框架，围绕这个框架可以组织起对这一现实的诸种感知。新模型异常强韧，不仅赋予了人类前所未有的力量，几个世纪以来也使许多人心安理得地相信他们有能力深入了解宇宙。

伽利略，一位娴熟的鲁特琴演奏家，他的父亲虽然被迫买卖羊毛，却是一位音乐家，还是 16 世纪最杰出的乐理学家之一；伽利略，一位擅长透视法的业余艺术家，佛罗伦萨绘画学院（Accademia del Disegno）会员，米开朗琪罗、拉斐尔和提香的狂热崇拜者；[19] 伽利略，勃鲁盖尔的版画《节制》中的主题化身——他写过这样一段很有名的话，表述了新模型的视觉化特征和定量特征，以及由此产生的乐观主义：

> 哲学就写在宇宙这本大书里，而宇宙则不断向我们敞开，接受我们的凝视，但除非首先学会理解组成宇宙的语言、解读构成宇宙的字母，否则宇宙这本大书是无法理解的。它是由数学的语言写就的，这门语言的字符是各种三角形、圆形和其他几何形状，如果没有这些图形，那么宇宙这本大书，人类一个字也看不懂；没有这些，人们只能在黑暗的迷宫中徘徊。[20]

注 释

第一章 测量一切

1. Lewis Mumford, *Technics and Civilization* (New York: Harcourt, Brace & World, 1962), 28.

2. Bernard Lewis, *The Muslim Discovery of Europe* (New York: Norton, 1982),138-9.

3. 我对这幅版画的解读主要来自 H. Arthur Klein and Mina C. Klein, *Peter Bruegel the Elder, Artist* (New York: Macmillan, 1968),112-16。

4. H. Arthur Klein, *Graphic Worlds of Peter Bruegel the Elder* (New York: Dover, 1963),243-5.

5. Bernabe Rich, Path-Way to Military Practise (London 1587) (Amsterdam: Da Capo Press, 1969).

6. Thomas Digges, *An Arithmeticall Militaire Treatise Named Stratioticos (London 1571)* (Amsterdam: Da Capo Press, 1968), 70.

7. William Shakespeare, *Othello,* act I, scene 1, lines 18-30.

8. Niccolo Machiavelli, *The Art of War,* in *The Works of Nicholas Machiavel* (London: Thomas Davies et al., 1762),44,47, 54. See also William H. McNeill, *The Pursuit of Power: Technology, Armed Force, and Society since A.D. 1000* (Chicago: University of Chicago Press, 1982), 128-34.

9. François Rabelais, *The Histories of Gargantua and Pantagruel,* trans. J. M. Cohen (Harmondsworth: Penguin Books, 1955), 141.

10. Digges, Stratioticos, 87.

11. Michael Clapham, "Printing," in *A History of Technology*, eds. Charles Singer et al. (Oxford: Clarendon Press, 1957), 3: 386-8; Gutenberg Bible, Humanities Research Center, University of Texas, Austin.

12. Karl Menninger, *Number Words and Number Symbols: A Cultural History of Numbers*, trans. Paul Broneer (Cambridge, Mass.: MIT Press, 1969),251.

13. Paul Doe, "Tallis, Thomas," in *The New Grove Dictionary of Music and Musicians*, ed. Stanley Sadie (London: Macmillan, 1980), 18: 544.

14. Klein, Graphic Words of Peter Bruegel the Elder, 243-5.

15. J. B. Kist, *Jacob de Gheyn: The Exercise of Arms, A Commentary* (New York: McGraw-Hill, 1971), 6; J. R. Hale, *War and Society in Renaissance Europe, 1450-1620* (Baltimore: Johns Hopkins Press, 1985), 144-5.

16. A. R. Hall, *Ballistics in the Seventeenth Century* (Cambridge University Press, 1952), 38-42.

17. W. H. Auden, *The English Auden: Poems, Essays and Dramatic Writings, 1927-1939* (London: Faber & Faber, 1986),292.

18. *The Collected Dialogues of Plato*, eds. Edith Hamilton and Huntington Cairns (Princeton, N.J.: Princeton University Press, 1961), 62.

19. *The Works of Aristotle*, ed. W. D. Ross (Oxford: Clarendon Press, 1928), 8: 1061a.

20. B. Bower, "Babies Add up Basic Arithmetic Skills," *Science News,* 142 (29 Aug. 1992), 132.

21. J. A. Weisheipl, "Ockham and the Mertonians," in *The History of the University of Oxford,* ed. J. I. Catto (Oxford: Oxford University Press, 1984), I: 639.

22. *The Republic of Plato,* trans. Francis M. Cornford (New York: Oxford University Press, 1945), 242-3.

23. *Collected Dialogues of Plato,* 1161.

24. *Republic of Plato,* 242.

25. Carl B. Boyer, A History of Mathematics (Princeton, N.J.: Princeton University Press, 1968), 96.

26. Alvin M. Josephy, The Indian Heritage of America (New York: Knopf, 1969),209-12.

27. Albert Chan, "Late Ming Society and the Jesuit Missionaries," in *East Meets West: The Jesuits in China, 1582-1773*, eds. Charles E. Ronan and

Bonnie B. C. Oh (Chicago: Loyola University Press, 1988), 161-2.

28. Lon R. Shelby, "The Geometrical Knowledge of Mediaeval Master Masons;" Speculum, 47 (July 1972), 397-8, 409; Erwin Panofsky, Gothic Architecture and Scholasticism (Latrobe, Pa.: Archabbey Press, 1956), 26,93.

29. Stephen Kern, *The Culture of Time and Space, 1880-1918* (London: Weidenfeld & Nicolson, 1983).

第二章　历史悠久的神圣模型

1. Albert Camus, *The Myth of Sisyphus,* trans. Justin O'Brien (New York: Vintage Books, 1991), 17.

2. Ernst Breisach, Historiography: Ancient, Medieval, and Modern (Chicago: University of Chicago Press, 1983),82,92.

3. Albert Van Helden, *Measuring the Universe: Cosmic Dimensions from Aristarchus to Halley* (Chicago: University of Chicago Press, 1985),35-8; The Opus Majus of Roger Bacon, trans. Robert B. Burke (New York: Russell & Russell, 1962), 1: 251.

4. Derk Bodde, *Chinese Thought, Society, and Science: The Intellectual and Social Background of Science and Technology in Pre-Modern China* (Honolulu: University of Hawaii Press, 1991), 104.

5. Benedicta Ward, *Miracles and the Medieval Mind: Theory, Record and Event, 1000-1215* (Philadelphia: University of Pennsylvania Press, 1987), 31.

6. "The Pilgrimage of Alculfus," *The Library of Palestine Pilgrim's Text Society* (London: 1897), 3: 16; *Medieval History: A Source Book,* ed. Donald A. White (Homewood, Ill.: Dorsey Press, 1965), 352. 智者伯纳德大约在公元 870 年观察到了耶路撒冷的中心性；参见 John B. Friedman, *The Monstrous Races in Medieval Art and Thought* (Cambridge, Mass.: Harvard University Press, 1981), 219-20。

7. *Mandeville's Travels,* ed. M. C. Seymour (London: Oxford University Press, 1968), 142. 进一步的讨论，参见马克·吐温《异乡奇遇》第 53 章。

8. Daniel 2: 31-46; Breisach, Historiography, 83-4, 159.

9. Carlo M. Cipolla, *Before the Industrial Revolution: European Society and Economy, 1000-1700* (New York: Norton, 1980), v, xiii.

10. G. J. Whitrow, *Time in History: The Evolution of Our General Awareness of Time and Temporal Perspective* (Oxford: Oxford University Press,1988), 80-1, 131; Patrick Boyde, *Dante Philomythes and Philosopher: Man in the Cosmos* (Cambridge University Press, 1981), 157.

11. *Readings in Medieval History*, ed. Patrick J. Geary (Lewiston, N.Y.:Broadview Press, 1989), 420; M. T. Clancy, *From Memory to Written Record: English, 1066-1307* (Cambridge, Mass.: Harvard University Press, 1979),237.

12. Marc Bloch, *Feudal Society,* trans. L. A. Manyon (Chicago: University of Chicago Press, 1961), 1: 74; Alexander Murray, *Reason and Society in the Middle Ages* (Oxford: Oxford University Press, 1978), 175-7.

13. James A. Weisheipl, *Friar Thomas D'Aquino: His Life, Thought, and Work* (Garden City, N.Y.: Doubleday, 1974), ix, 3.

14. Gregory of Tours, *The History of the Franks,* trans. Lewis Thorpe (Harmondsworth: Penguin Books, 1974), 75-6; Jacques Ie Goff, *La civilisationde l'Occident medieval* (Paris: B. Arthaud, 1964),221-2; Murray, *Reasonand Society,* 175-6, 177; William Langland, *Piers the Ploughman,* trans.J. F. Goodridge (Harmondsworth: Penguin Books, 1966), 82.

15. Breisach, Historiography, 83-5; "Historiography, Ecclesiastical," in The New Catholic Encyclopedia (Washington, D.C.: Catholic University of America, 1967), 7: 6.

16. St. Augustine, The City of God, trans. Marcus Dods (New York: Modern Library, 1950), 867.

17. Dante Alighieri, *The Divine Comedy: Inferno*, trans. and ed. Charles S. Singleton (Princeton, N.J.: Princeton University Press, 1970),40-5.

18. St. Augustine, The City of God, 489-90, 867.

19. G. J. Whitrow, *Time in History: The Evolution of Our General Awareness of Time and Temporal Perspective* (Oxford: Oxford University Press,1988), 66-7, 74, 119; D. E. Smith, *History of Mathematics* (New York: Dover, 1958),2: 661.

20. Bede, *A History of the English Church and People*, trans. Leo Sherley Price (Harmondsworth: Penguin Books, 1968), 234.

21. Smith, *History of Mathematics*, 2: 661. 小狄奥尼西的计数不是从 0 开始的，而是从 1 开始的，这就是为何我们大部分人都不知道第三个千禧年的开始是从 2000 年算还是从 2001 年算。

22. Whitrow, Time in History, 190-1.

23. Gordon Moyer, "The Gregorian Calendar," Scientific American, 246(May 1982), 144-50; Smith, History of Mathematics, 2: 659-60; Whitrow, Time in History, 191.

24. Don Lepan, The Cognitive Revolution in Western Culture, 1: The Birth of Expectation (London: Macmillan Press, 1989), 91.

25. 耶鲁学院在 1826 年还在使用这种时间，以便充分利用阳光。参见 Michael O'Malley, Keeping Watch: A History of American Time (Harmondsworth: Penguin Books, 1991), 4. 我们使用的夏令时制度也是这个目的，只不过做法就不那么优雅了。

26. Dante Alighieri, The Divine Comedy: Paradiso, canto 15, line 98; Giovanni Boccaccio, The Decameron, trans. G. H. McWilliam (Harmondsworth: Penguin Books, 1972); Giovanni Boccaccio, Decameron (Milano: Arnoldo Mondadori, 1985).

27. W. Rothwell, "The Hours of the Day in Medieval France," French Studies,13 (July 1959),245.

28. David S. Landes, Revolution in Time: Clocks and the Making of the Modern World (Cambridge, Mass.: Harvard University Press, 1983),404-5.

29. The Oxford English Dictionary, s.v. "noon" ; The Oxford Dictionary of English Etymology, ed. C. T. Onions, (Oxford: Clarendon Press, 1966),s. v. "noon" ; Jacques Ie Goff, Time, Work, and Culture in the Middle Ages, trans. Arthur Goldhammer (Chicago: University of Chicago Press,1980), 44-5; The Clockwork Universe, German Clocks and Automata,1500-1650, eds. Klaus Maurice and Otto Mayreds (New York: Neal Watson, 1980), 146-7; The Rule of St. Benedict, trans. Cardinal Gasquet(London: Chatto & Windus, 1925),84-5; Dante Alighieri, The Convivioof Dante, trans. Philip H. Wicksteed (London: J. M. Dent, 1912), 345-7.

30. St. Augustine, City of God, 404. 对这一问题以及其他与这一主题相关的问题有过很好的总结，参见 Anne Higgins, "Medieval Notions of the Structure of Time," Journal of Medieval and Renaissance Studies, 19 (Fall1989), 227-50。

31. E. J. Dijksterhuis, The Mechanization of the World Picture, trans. C.Dikshoorn (Oxford: Oxford University Press, 1960), 143.

32. On the Properties of Things: John Trevisa's Translation of Bartholomaeus Anglicus de Proprietatibus Rerum, ed. M. C. Seymour (Oxford: Clarendon

Press, 1975), 2: 690; Nicholas H. Steneck, *Science and Creation in the Middle Ages: Henry of Langenstein (d.* 1397) *on Genesis* (Notre Dame, Ind.: University of Notre Dame Press, 1976), 78-80. 有许多讨论中世纪天文学的二手文献；就准确和简洁而言，我推荐 A. C. Crombie, *Medieval and Early Modern Science* (Garden City, N.Y.: Doubleday, 1959), 1: 19-20, 75-8。

33. *On the Properties of Things,* 1: 442, 2: 690; E. M. Tillyard, *The Elizabethan World Picture* (London: Chatto & Windus, 1958),36. 要想看有关中世纪版本的地球的二手文献，参见 "Dante's Geographical Knowledge," an appendix to George H. T. Kimble, *Geography in the Middle Ages* (London: Methuen, 1938), 241-4。

34. *Mandeville's Travels,* 122,210; St. Augustine, *City of God, 530.*

35. *Mandeville's Travels, 126.*

36. Samuel Y. Edgerton, Jr., "The Art of Renaissance Picture-Making and the Great Western Age of Discovery," in *Essays Presented to Myron* P. *Gilmore,* eds. Sergio Bertelli and Gloria Ramukus (Florence: La Nuova Italia,1978),2: 148; C. Raymond Beazley, *The Dawn of Modern Geography*(London: Henry Frowde, n.d.), 2: 576-9; O. A. W. Dilke, *Greek and Roman Maps* (Ithaca, N.Y.: Cornell University Press, 1985), 173; David Woodward, "Medieval *Mappaemundi,"* in *The History of Cartography,*1: *Cartography in Prehistoric, Ancient, and Medieval Europe and the Mediterranean,* eds. J. B. Harley and David Woodward (Chicago: University of Chicago Press, 1987),340-1.

37. St. Augustine, The City of God, 532; Kimble, Geography in the Middle Ages, 241; John Carey, "Ireland and the Antipodes: The Heterodoxy of Virgin of Salzburg," Speculum, 64 (Jan. 1989), 1-3.

38. *Mandeville's Travels,* 234-6; see also *On the Properties of Things,* 1:655-7.

39. Samuel Eliot Morison, Admiral of the Ocean Sea: A Life of Christopher Columbus (Boston: Little, Brown, 1942),556-8.

40. Murray, Reason and Society, 175, 176, 179.

41. Medieval Epics (New York: Modern Library, n.d.), 126, 173.

42. 要想看些中世纪数学文章的例子，参见 *A Source Book in Medieval Science, ed. Edward Grant* (Cambridge, Mass.: Harvard University Press, 1974), 102-35。

43. Smith, History of Mathematics, 2: 59-63.

44. Karl Menninger, Number Words and Number Symbols: A Cultural History of Numbers, trans. Paul Broneer (Cambridge, Mass.: MIT Press,1969),202-18; Smith, History of Mathematics, 2: 196-202; Florence A.Yeldham, The Story of Reckoning in the Middle Ages in English, ed. Robert Steele (London: Early English Text Society, 1922), 66-9; Murray, Reason and Society, 156.

45. Menninger, Number Words, 322; Smith, History of Mathematics, 2: 186;Murray, Reason and Society, 163-4.

46. Menninger, Number Words, 322-7; Murray, Reason and Society, 164.

47. Gillian R. Evans, "From Abacus to Algorism: Theory and Practice in Medieval Arithmetic," British Journal for the History of Science, 10, pt. 2(July 1977), 114; Smith, History of Mathematics, 2: 177.

48. Menninger, Number Words, 365-7; Yeldham, Story of Reckoning, 89.

49. Menninger, Number Words, 340-1.

50. Gillian R. Evans, "The Sub-Euclidian Geometry of the Earlier Middle Ages, up to Mid-Twelfth Century," Archive for the History of Exact Sciences, 16, no. 1 (1976), 105-18.

51. Vincent F. Hopper, Medieval Number Symbolism (New York: Columbia University Press, 1938),94-5.

52. Ibid., 102.

53. Camus, Myth of Sisyphus, 17.

第三章　必要但不充分的原因

1. William L. Reese, Dictionary of Philosophy and Religion: Eastern and Western Thought (Atlantic Highlands, N.J.: Humanities Press, 1981),381.

2. John H. Mundy, Europe in the High Middle Ages (London: Longman,1973), 86-7; Ross E. Dunn, The Adventures of Ibn Battuta: A Muslim Traveler of the 14th Century (Berkeley: University of California Press,1986),45.

3. J. C. Russell, "Population in Europe, 500-1500," in The Fontana Economic History of Europe: The Middle Ages, ed. Carlo M. Cipolla (Glasgow: William Collins, 1972), 36-41; Massimo Livi-Bacci, A Concise History of World Population, trans. Carl Ipsen (Oxford: Basil Blackwell,1992), 44-5; Roger Mols, "Population in Europe, 1500-1700," in The Fontana Economic History

of Europe: The Sixteenth and Seventeenth Centuries, ed. Carlo M. Cipolla (Glasgow: William Collins, 1974),2: 38.

4. Fulcher of Chartres, *A History of the Expedition to Jerusalem, 1095-1127,* trans. Frances R. Ryan (New York: Norton, 1969),284-8.

5. *Chronicles of Matthew Paris: Monastic Life in the Thirteenth Century,* trans. Richard Vaughan (Gloucester: Alan Sutton, 1984), 82,275.

6. Jacques Ie Goff, "The Town as an Agent of Civilisation, 1200-1500," in The Fontana Economic History of Europe: The Middle Ages, 91; Jacques Bernard, "Trade and Finance in the Middle Ages, 900-1500," in ibid.,310.

7. Robert S. Lopez, The Commercial Revolution of the Middle Ages, 950-1350 (Cambridge University Press, 1976), 166.

8. Jean Gimpel, *The Medieval Machine: The Industrial Revolution of the Middle Ages* (Harmondsworth: Penguin Books, 1976), 12, 16-17, 24,167-8; Lynn White, Jr., Medieval Technology and Social Change (Oxford: Oxford University Press, 1964), 81-7.

9. Dante Alighieri, The Divine Comedy: Inferno, trans. Charles S. Singleton (Princeton, N.J.: Princeton University Press, 1970), 361. 如果需要看对技术史的非欧洲中心主义的修正，可阅读 Donald R. Hill, "Mechanical Engineering in the Medieval Near East," Scientist American, 264 (May 1991), 100-5。

10. Ernest A. Moody, "Ockham, William of," in The Dictionary of Scientific Biography, ed. Charles Coulston Gillispie (New York: Scribner'S, 1970-80),10: 172.

11. Toby E. Huff, The Rise of Early Modern Science: Islam, China, and the West (Cambridge University Press, 1993),292.

12. Samuel Y. Edgerton, Jr., "From Mental Matrix to Mappamundi to Christian Empire: The Heritage of Ptolemaic Cartography in the Renaissance," in Art and Cartography: Six Historical Essays, ed. David Woodward (Chicago: University of Chicago Press, 1987),24-9.

13. R. W. Southern, *Medieval Humanism* (New York: Harper & Row,1970),46.

14. *A Source Book in Medieval Science,* ed. Edward Grant (Cambridge, Mass.: Harvard University Press, 1974),26; Thomas S. Kuhn, *The Copernican Revolution: Planetary Astronomy in the Development of Western Thought* (Cambridge, Mass.: Harvard University Press, 1957), 110.

15. G. R. Crone, *Maps and Their Makers: An Introduction to the History of*

Cartography (Folkestone, Kent: William Dawson, 1978),28-9.

16. J. Huizinga, The Waning of the Middle Ages (New York: Doubleday,1954); Lynn White, Jr., "Death and the Devil,» in The Darker Vision of the Renaissance: Beyond the Fields of Reason, ed. Robert S. Kinsman (Berkeley: University of California Press, 1974),25-46; William J. Bouwsma, "Anxiety and the Formation of Early Modern Culture," in After the Reformation: Essays in Honor of]. H. Hexter, ed. Barbara C. Malament (Philadelphia: University of Pennsylvania Press, 1980), 215-46; Donald R. Howard, "Renaissance World-Alienation," in ibid., 47-76.

17. Bouwsma, "Anxiety and the Formation of Early Modern Culture," 228.

18. R. W. Southern, "The Schools of Paris and the School of Chartres," in *Renaissance and Renewal in the Twelfth Century,* eds. Robert L. Benson, Giles Constable, and Carol D. Lanham (Toronto: University of Toronto Press, 1991), 114-18.

19. Nathan Schachner, *The Mediaeval Universities* (New York: Barnes, 1962), 59-73.

20. Hastings Rashdall, The Universities of Europe in the Middle Ages (London: Oxford University Press, 1936), 1: 269-583.

21. Willis Rudy, The Universities of Europe, 1100-1914 (London: Associated University Presses, 1984) 20-6; Southern, "The Schools of Paris and the School of Chartres," 119, 129; John W. Baldwin, "Masters at Paris from1179 to 1215: A Social Perspective," in Renaissance and Renewal in the Twelfth Century, 141-3, 151-8.

22. Jorge J. E. Gracia, "Scholasticism and the Scholastic Method," in The Dictionary of the Middle Ages, ed. Joseph R. Strayer (New York: Scribners', 1982-9), 11: 55.

23. Frederick B. Artz, The Mind of the Middle Ages, A.D. 200-1500 (Chicago: University of Chicago Press, 1980), 193; Ernest Brehaut, An Encyclopedist of the Dark Ages (New York: Columbia University Press, 1912),215-21.

24. Beryl Smalley, The Study of the Bible in the Middle Ages (Oxford: Basil Blackwell, 1952), 222-4.

25. Ibid., 222-4, 333-4; "Hugh of St. Cher,» in Dictionary of the Middle Ages, 6: 320-1; Lloyd William Daly, Contributions to a History of Alphabetization in Antiquity and the Middle Ages (Brussels: Latomus Revued' Etudes Latines, 1967), 74; Richard H. Rouse and Mary A. Rouse, *Preachers,*

Florilegia and Sermons: Studies on the Manipulus florum *of Thomas of Ireland* (Toronto: Pontifical Institute of Mediaeval Studies,1979),4.

26. Brian Stock, *The Implications of Literacy: Written Language and Models of Interpretation in the Eleventh and Twelfth Centuries* (Princeton, N.J.:Princeton University Press, 1983), 63; Rouse and Rouse, *Preachers, Florilegia and Sermons, 32-3.*

27. Daly, *Contributions to a History of Alphabetization,* 74, 96; Smalley, *Study of the Bible,* 333-4; Rouse and Rouse, *Preachers, Florilegia and Sermons,* 4, 7-15; Mary A. Rouse and Richard H. Rouse, "Alphabetization, History of," in *Dictionary of the Middle Ages,* 1: 204-7; Stock, *The Implications of Literacy, 62.*

28. Erwin Panofsky, Gothic Architecture and Scholasticism (Latrobe, Pa.: Archabbey Press, 1951), 32-5, 95-6; see also Otto Bird, "How to Readan Article of the Summa," New Scholasticism, 27 (Apr. 1953), 129-59.

29. M.-D. Chenu, *Toward Understanding Saint Thomas,* trans. A.-M. Landry and D. Hughes (Chicago: Henry Regnery, 1964),59-60, 117-19.

30. St. Thomas Aquinas, *Summa theologiae* (London: Blackfriars, n.d.), 2:12-13.

31. Albert G. A. Balz, Descartes and the Modern Mind (New Haven, Conn.:Yale University Press, 1952), 26; Rene Descartes, Correspondance, eds.C. Adam and G. Milhaud (Paris: Presses Universitaires de France, 1941), 3: 301; Adrien Baillet, La vie de Monsieur Des-Cartes (Paris: Daniel Honthemels, 1891), part 1,286.

32. John Murdoch and Edith Sylla, "Swineshead, Richard," in Dictionary of Scientific Biography, 3: 185, 189, 198-9,204-5.

33. David C. Lindberg, *The Beginnings of Western Science* (Chicago: University of Chicago Press, 1992), 294-301.

34. Anneliese Maier, On the Threshold of Exact Science, trans. Steven D.Sargent (Philadelphia: University of Pennsylvania Press, 1982), 169-70.

35. *The Opus Majus of Roger Bacon,* trans. Robert B. Burke (Philadelphia: University of Pennsylvania Press, 1928), 1: 116, 117, 120, 123, 128,200,203-4.

36. A. C. Crombie, "Quantification in Medieval Physics," in *Change in Medieval Society: Europe North ofthe Alps, 1050-1500,* ed. Sylvia L. Thrupp (New York: Appleton-Century-Crofts, 1964), 195.

37. Joel Kaye, "The Impact of Money on the Development of Fourteenth Century Scientific Thought," *Journal of Medieval History,* 14 (Sept.1988),260.

38. Ibid., 254, 257-8, 260.

39. St. Thomas Aquinas, *Summa theologiae* (London: Blackfriars, 1964-6),41: 261.

40. Marc Bloch, *Feudal Society,* trans. L. A. Manyon (Chicago: University of Chicago Press, 1961), 1: 66, 2: 311; Alexander Murray, *Reason and Society in the Middle Ages* (Oxford: Clarendon Press, 1985),34-5.

41. Lopez, *The Commercial Revolution, 30-57.*

42. Murray, *Reason and Society, 50-8.*

43. Kaye, "The Impact of Money," 260.

44. Jacques le Goff, *Your Money or Your Life: Economy and Religion in the Middle Ages,* trans. Patricia Ranum (New York: Zone Books, 1988).

45. William E. Lunt, Papal Revenues in the Middle Ages (New York: Octagon Books, 1965),2: 458; Elisabeth Vodola, "Indulgences," in Dictionary of the Middle Ages, 6: 446-50.

46. Journals and Other Documents on the Life and Voyages of Christopher Columbus, trans. Samuel Eliot Morison (New York: Heritage Press, 1963), 383.

47. Le Goff, "The Town as an Agent of Civilization," 81.

48. Kaye, "The Impact of Money," 259; P. Spufford, "Coinage and Currency,» in Economic Organization and Policies in the Middle Ages, eds. M. M. Poston, E. E. Rich, and Edward Miller, Cambridge Economic History of Europe, 3 (Cambridge University Press, 1963), 593-5; F. P. Braudel, "Prices in Europe from 1450 to 1750,» in The Economy of Expanding Europe in the Sixteenth and Seventeenth Centuries, eds. E. E. Rich and C. H. Wilson, Cambridge Economic History of Europe, 4(Cambridge University Press, 1967), 379; Elgin Groseclose, Money and Man: A Survey of Monetary Experience (Norman: University of Oklahoma Press, 1976), 66-7; Carlo M. Cipolla, Money, Prices, and Civilization in the Mediterranean World, Fifth to Seventeenth Century (New York: Gordian Press, 1967),38-52.

49. Cipolla, Money, Prices, and Civilization, 63-5; Geoffrey Parker, "The Emergence of Modern Finance in Europe, 1500-1730," in The Fontana Economic History of Europe: The Sixteenth and Seventeenth Centuries, 527-9; Harry A. Miskimin, The Economy of Early Renaissance Europe,1300-1460 (Englewood Cliffs, N.J.: Prentice-Hall, 1969), 155; Harry A. Miskimin, The Economy of Later Renaissance Europe, 1460-1600(Cambridge University

Press, 1977),22-3,28,35-43.

50. *The Broken Spears: The Aztec Account of the Conquest of Mexico,* ed. Miguel
    Leon-Portilla (Boston: Beacon Press, 1962),50-1.

第四章　时间

1. Alex Keller, "A Renaissance Humanist Looks at 'New' Inventions: The
   Article 'Horologium' in Giovanni Tortelli's *De Orthographia,"* *Technology
   and Culture,* 11 (July 1970),351-2,354-5,362,363.

2. St. Augustine, *Confessions,* trans. R. S. Pine-Coffin (Harmondsworth:
   Penguin Books, 1961),264.

3. Francisco Lopez de Gomara, *Cortes: The Life of the Conqueror by His
   Secretary,* trans. Lesley Byrd Simpson (Berkeley: University of California
   Press, 1964),31.

4. David S. Landes, *Revolution in Time: Clocks and the Making of the Modern
   World* (Cambridge, Mass.: Harvard University Press, 1983),81.

5. Carlo M. Cipolla, *Clocks and Culture, 1300-1700* (London: Collins,1967),42.

6. Francois Rabelais, *The Histories of Gargantua and Pantagruel,* trans. J. M.
   Cohen (Harmondsworth: Penguin Books, 1955), 78.

7. *Rule of St. Benedict,* trans. Charles Gasquet (London: Chatto & Winders,
   1925), 36, 78; Landes, *Revolution in Time, 68.*

8. Jean Gimpel, *The Medieval Machine: The Industrial Revolution of the Middle
   Ages* (Harmondsworth: Penguin Books, 1976), 67-8.

9. Edward Rosen, "The Invention of Eyeglasses," *Journal of the History of
   Medicine and Allied Sciences,* 11 (Jan. 1956),28-9.

10. Pierre Mesnage, "The Building of Clocks," in *A History of Technology and
    Invention through the Ages,* ed. Maurice Daumas, trans. Eileen B. Hennessy
    (New York: Crown, 1969), 2: 284; H. Alan Lloyd, *Some Outstanding Clocks
    over Seven Hundred Years, 1250-1950* (n.c.: Leonard Hill, 1958),4-6.

11. Guillaume de Lorris and Jean de Meun, *The Romance of the Rose,* trans. Charles
    Dahlberg (Hanover, N.H.: University Press of New England,1986),343.

12. J. D. North, "Monasticism and the First Mechanical Clocks," in *The Study
    of Time: Proceedings of the Second Congress of the International Society for
    the Study of Time,* eds. J. T. Fraser and N. Lawrence (New York: Springer,

1975),2: 384-5.

13. Dante Alighieri, *The Divine Comedy,* trans. John Ciardi (New York: Norton, 1961),541; Ernest L. Edwardes, *Weight-Driven Chamber Clocks of the Middle Ages and Renaissance* (Altrincham: John Sherratt, 1965),19-21. See canto 10 of Dante's *Paradiso* for another clock-related image.

14. Edwardes, *Weight-Driven Chamber Clocks, 46-7.*

15. *The Human Experience of Time: The Development of Its Philosophical Meaning,* ed. Charles M. Sherover (New York: New York University Press, 1975), 92, 93-4.

16. Landes, *Revolution in Time, 6-11.*

17. Joseph Needham, Wang Ling, and Derek J. de Solla Price, *Heavenly Clockwork: The Great Astronomical Clocks of Medieval China* (Cambridge University Press, 1960),55-6; Landes, *Revolution in Time, 17*-24. 对于这些中国的设备，也许更准确的叫法是天文仪而不是时钟，就像一些人对第一批欧洲时钟的称呼一样。

18. Landes, *Revolution in Time, 77.*

19. Edwardes, *Weight-Driven Chamber Clocks,* 3; W. Rothwell, "The Hours of the Day in Medieval French," *French Studies,* 13 (July 1959),249.

20. A.J. Gurevich, "Time as a Problem of Cultural History," in *Cultures and Time,* ed. L. Gardet et al. (Paris: UNESCO Press, 1976),241.

21. *Richard of Wallingford: An Edition of His Writings,* ed. and trans. J. D. North (Oxford: Clarendon Press, 1976), 1: 465,471,473-4.

22. Nicole Oresme, *Le livre du ciel et du monde,* trans. Albert D. Menut, eds. Albert D. Menut and Alexander J. Denomy (Madison: University of Wisconsin Press, 1968), 289. See also Nicholas H. Steneck, *Science and Creation in the Middle Ages: Henry of Langenstein (d.* 1297) *on Genesis*(Notre Dame, Ind.: University of Notre Dame Press, 1976), 149; Otto Mayr, *Authority, Liberty and Automatic Machinery in Early Modern Europe* (Baltimore: Johns Hopkins Press, 1986),39.

23. Arthur Koestler, *The Sleepwalkers: A History of Man's Changing Visionofthe Universe* (Harmondsworth: Penguin Books, 1964),345.

24. Jean Froissart, *Chronicles,* trans. Geoffrey Brereton (Harmondsworth: Penguin Books, 1978),9-10; F. W. Shears, *Froissart, Chronicler and Poet*(London: Routledge, 1930), 202-3.

25. Landes, *Revolution in Time, 82.*

26．F. C. Harber, "The Cathedral Clock and the Cosmological Clock Metaphor," in *The Study of Time*, 2: 399.

27．Jacques Le Goff, *Time, Work and Culture in the Middle Ages*, trans. Arthur Goldhammer (Chicago: University of Chicago Press, 1980), 45-6.

28．Rabelais, *Gargantua and Pantagruel, 588*.

29．Eviatar Zerubavel, "Easter and Passover: On Calendars and Group Identity," *American Sociological Review*, 47 (Apr. 1982),289.

30．Anthony Grafton, *Defenders of the Text: The Traditions of Scholarshipin an Age of Science, 1450-1800* (Cambridge, Mass.: Harvard University Press, 1991), 104; see also Michel de Montaigne, *The Complete Essays*, trans. M. A. Screech (Harmondsworth: Penguin Books, 1991), 1160.

31．Zerubavel, "Easter and Passover," 284-9.

32．Gordon Moyer, "The Gregorian Calendar," *Scientific American, 246*(May 1982), 144-52.

33．Montaigne, *Complete Essays,* 1143. 人们总是不愿意去纠正蒙田，但从技术上来看，应该是 11 天而不是 10 天。这种混乱源于这样一个事实：1582 年，教皇在 10 月里插入了 11 天，具体说来，比如，当 10 月 4 日之后是 10 月 15 日,那本来应当是 10 月 5 日的那天就变成了 10 月 15 日,这样看就是差了 10 天。

34．George Sarton, *Six Wings: Men of Science in the Renaissance* (Bloomington: Indiana University Press, 1957), 69-72.

35．Moyer, "Gregorian Calendar," 144-52.

36．Louis Gardet, "Moslem Views of Time and History (with an Appendix by Abdelmajid Meziane on the Empirical Apperception of Time among the Peoples of the Maghreb)," in *Cultures and Time, 201.*

37．Moyer, "Gregorian Calendar," 144.

38．*The Autobiography of Joseph Scaliger,* trans. George W. Robinson (Cambridge, Mass.: Harvard University Press, 1927), 76, 77.

39．Arno Borst, *The Ordering of Time from the Ancient Computus to the Modern Computer,* trans. Andrew Winnard (Chicago: University of Chicago Press, 1993), 104.

40．Anthony T. Grafton, "Joseph Scaliger and Historical Chronology: The Rise and Fall of a Discipline," *History and Theory,* 14, no. 2 (1975), 158.

41．Ibid., 159-61, 167.

42．Ibid., 162.

43. Ibid., 162-3

44. Ibid., 171-3; Gordon Moyer, "The Origin of the Julian Day System," *Sky and Telescope,* 16 (Apr. 1981),311-12; Donald J. Wilcox, *The Measure of Times Past: Pre-Newtonian Chronologies and the Rhetoric of Relative Time* (Chicago: University of Chicago Press, 1987), 203-8.

45. Moyer, "Origin of the Julian Day System," 311-12; "Julian Period," in *The World Almanac and Book of Facts for* 1995 (Mahwah, N.J.: Funk &Wagnalls, 1994), 289.

46. William Langland, *Piers the Ploughman,* trans. J. F. Goodridge (Harmondsworth: Penguin Books, 1959), 108.

47. Ricardo J. Quinones, *The Renaissance Discovery of Time* (Cambridge, Mass.: Harvard University Press, 1972), 191.

48. Ibid., 109, 110, 113.

49. Ibid., 135.

50. Ibid., 108.

51. St Isaac Newton, *Mathematical Principles of Natural Philosophy and His System of the World,* trans. Andrew Motte and Florian Cajori (Berkeley: University of California Press, 1934),6.

第五章 空间

1. Dorothea Waley Singer, *Giordano Bruno, His Life and Thought* (New York: Greenwood Press, 1968),249.

2. Alex Keller, "A Renaissance Humanist Looks at 'New' Inventions: The Article 'Horologium' in Giovanni Tortelli' s *De Orthographia,"* *Technology and Culture,* 11 (July 1972), 352.

3. Frederic C. Lane, "The Economic Meaning of the Compass," *American Historical Review,* 47 (Apr. 1963),613-14.

4. Ibid.

5. Jonathan T. Lanman, *On the Origin of Portolan Charts* (Chicago: The Newberry Library, 1987),49-54; Lee Bagrow, *History of Cartography,* 2ded. (Chicago: Precedent, 1985), 62-6; A. C. Crombie, *Medieval and Early Modern Science* (Garden City, N.Y.: Doubleday, 1959), 1: 207-8; C. Raymond Beazley, *The Dawn of Modern Geography* (London: Henry Frowde, n.d.), 3: 512-14; John

N. Wilford, *The Mapmakers: The Story of the Great Pioneers in Cartography from Antiquity to the Space Age* (New York: Vintage Books, 1981), 51; Tony Campbell, "Portolan Charts from the Late Thirteenth Century to 1500," in *The History of Cartography,1: Cartography in Prehistoric, Ancient, and Medieval Europe and the Mediterranean,* eds. J. B. Harley and David Woodward (Chicago: University of Chicago Press, 1987),372.

6. Lanman, *On the Origin of Portolan Charts, 54.*

7. Crombie, *Medieval and Early Modern Science,* 1: 209; Marie Boas, *The Scientific Renaissance, 1450-1630* (New York: Harper & Row, 1962),23-4; Samuel Y. Edgerton, Jr., *The Renaissance Rediscovery of Linear Perspective* (New York: Basic Books, 1975), 97-9.

8. Samuel Y. Edgerton, Jr., *The Heritage of Giotto's Geometry: Art and Science on the Eve of the Scientific Revolution* (Ithaca, N.Y.: Cornell University Press, 1991), 99-110.

9. 事实上，地球并不是那么简单，正如地图绘制者在过去所了解到的那样。它在两极被压扁，在赤道有点肥胖，并且受到罗盘变化的影响。

10. *A Source Book in Medieval Science,* ed. Edward Grant (Cambridge, Mass.: Harvard University Press, 1974),46-8,500-10; Richard C. Dales, *The Scientific Achievement of the Middle Ages* (Philadelphia: University of Pennsylvania Press, 1973), 127-30; Ernest A. Moody, "Buridan, Jean," in *The Dictionary of Scientific Biography,* ed. Charles C. Gillispie (New York: Scribner' S, 1970-80),2: 603,607.

11. *Source Book in Medieval Science, 510.*

12. James Hankins, *Plato in the Italian Renaissance* (Leiden: Brill, 1990),1: 344.

13. Edward Rosen, "Regiomontanus, Johannes" in *Dictionary of Scientific Biography,* 11: 348-51.

14. Edgerton, *The Heritage of Giotto's Geometry, 288*

15. Alexandre Koyre, *From the Closed World to the Infinite Universe* (Baltimore: Johns Hopkins Press, 1957), 12; P. D. A. Harvey, *The History of Topographical Maps: Symbols, Pictures, and Surveys* (London: Thames& Hudson, 1980), 146; P. D. A. Harvey, "Local and Regional Cartography in Medieval Europe," in *The History of Cartography,* 1: 497.

16. J. E. Hofmann, "Cusa, Nicholas," in *Dictionary of Scientific Biography,*3: 512-16; Koyre, *From the Closed World, 6-23.*

17. Nicholas de Cusa, *The Layman on Wisdom and the Mind,* trans. M. L. Führer

(Ottawa: Dovehouse, 1989),41.

18. Nicholas de Cusa, *Idiota de Mente. The Layman: About Mind,* trans. Clyde L. Miller (New York: Abaris Books, 1979),43.3

19. Nicholas de Cusa, *Layman on Wisdom,* 21, 22.

20. *Unity and Reform: Selected Writings of Nicholas de Cusa,* ed. John P. Dolan (Notre Dame, Ind.: University of Notre Dame Press, 1962), 239-60 passim.

21. Nicholas de Cusa, *Layman on Wisdom, 22.*

22. Rosen, "Regiomontanus," 351.

23. *Nicholas Copernicus on the Revolutions,* trans. Edward Rosen (Baltimore: Johns Hopkins Press, 1978), 13, 16, 22.

24. Michel de Montaigne, *The Complete Essays,* trans. M. A. Screech (Harmondsworth: Penguin Books, 1987),642.

25. Thomas S. Kuhn, *The Copernican Revolution: Planetary Astronomy in the Development of Western Thought* (Cambridge: Mass.: Harvard University Press, 1957), 139.

26. Ibid., 160.

27. Koyre, *From the Closed World,* 40,41; Max Jammer, *Concepts of Space: The History of Theories of Space in Physics* (Cambridge, Mass.: Harvard University Press, 1954), 83-4. See also Paul H. Michel, *The Cosmology of Giordano Bruno,* trans. R. E. W. Maddison (Paris: Hermann, 1973).

28. *Documents of American History,* ed. Henry Steele Commager (New York: Appleton-Centuy-Crofts, 1958), 2-4.

29. F. Soldevila, *Historia de Espana,* 2d ed. (Barcelona: Ariel, 1962), 3:347-8.

30. Boas, *Scientific Renaissance,* 109-12.

31. Kuhn, *Copernican Revolution, 92.*

32. John A. Gade, *The Life and Times of Tycho Brahe* (Princeton, N.J.: Princeton University Press, 1947), 41-2; Antonie Pannekoek, *A History of Astronomy* (New York: Interscience, 1961),207-8; C. Doris Heilman, "Brahe, Tycho," in *Dictionary of Scientific Biography,* 2: 402-3.

33. Hellman, "Brahe," 407-8; Pannekoek, *History of Astronomy, 215-16.* See also C. Doris Hellman, *The Comet of 1577: Its Place in the History of Astronomy* (New York: Columbia University Press, 1944).

34. Isaac Newton, *Mathematical Principles of Natural Philosophy and His System of the World,* trans. Andrew Motte and Florian Cajori (Berkeley: University of California Press, 1934), 6.

35. Blaise Pascal, *Pensees* (New York: Dutton, 1958),61.

第六章　数学

1. Franz J. Swetz, *Capitalism and Arithmetic: The New Math of the 15th Century* (La Salle, Ill.: Open Court, 1987), epigraph.

2. James A. Weisheipl, "The Evolution of Scientific Method, " in *The Logic of Science,* ed. Vincent E. Smith (New York: St. John's University Press, 1964), 82.

3. *Nicole Oresme and the Medieval Geometry of Qualities and Motions,* trans. and ed. Marshall Claget (Madison: University of Wisconsin Press, 1968), 165.

4. Paul L. Rose, *The Italian Renaissance of Mathematics: Studies on Humanists and Mathematicians from Petrarch to Galileo* (Geneva: Librairie Droz, 1975), 82.

5. St. Augustine, *The City of God,* trans. Marcus Dods (New York: Modern Library, 1950), 392.

6. Alexander Murray, *Reason and Society in the Middle Ages* (Oxford: Oxford University Press, 1978), 166,454; Keith Thomas, "Numeracy in Early Modern England," *Transactions of the Royal Society,* 5th series, 37 (1987),106-7.

7. Swetz, *Capitalism and Arithmetic,* 327, n. 17.

8. Ibid., 27-8.

9. Ibid., 28-9.

10. Lambert L. Jackson, *The Educational Significance of Sixteercth Century Arithmetic* (New York: Columbia University Teachers College, 1906),27.

11. *The Earliest Arithmetics in English,* ed. Robert Steele (London: The Early English Text Society, 1922),5.

　　　Karl Menninger, *Number Words and Number Symbols: A Cultural History of Numbers,* trans. Paul Broneer (Cambridge, Mass.: MIT Press, *1969), 286, 422-3; Earliest Arithmetics in English, 4.* 分类

12. 但到了 17 世纪伊始，熟悉 "零" 的人已经足够多了，所以莎士比亚才能在《冬天的故事》（第一幕，第二场，第六行）里使用零来隐喻深深的感谢而不会让层次较低的观众感到迷惑：

Like a cypher (yet standing in rich place), I multiply with one, "We thank you," Many thousands more, that go before it.

（朱生豪译本译为："我就像是大数末尾的零，分量可并不轻，千百句'谢谢您'之后，再添上一句'谢谢您'。)

13. Florence Yeldham, *The Story of Reckoning in the Middle Ages* (London:George G. Harrap, 1926),86; Murray, *Reason and Society,* 169, 170; J.M. Pullan, *History of the Abacus* (New York: Praeger, 1968),43,45-7;Menninger, *Number Words, 287-8.*

14. Florian Cajori, *A History of Mathematical Notations* (La Salle, Ill.: Open Court, 1928), 1: 89.

15. Ibid., 107, 128,230-1,235; D. E. Smith, *History of Mathematics* (New York: Dover, 1958), 2: 398-9,402.

16. Cajori, *History of Mathematical Notations,* 1: 239, 250-68, 272; Smith, *History of Mathematics,* 2: 404-6, 411.

17. Swertz, *Capitalism and Arithmetic,* 287, 338 n. 64; Smith, *History of Mathematics,* 2: 221, 235-46; Cajori, *History of Mathematical Notations,* 1: 154-8; Carl B. Boyer, *A History of Mathematics* (Princeton, N.].: Princeton University Press, 1985),347-8.

18. Alfred North Whitehead, *Science and the Modern World* (New York: Macmillan, 1925), 43.

19. Smith, *History ofMathematics,* 2: 427.

20. Cajori, *History of Mathematical Notations,* 1: 379-81,2: 2-5; E. T. Bell,*The Development of Mathematics* (New York: McGraw-Hill, 1945), 97,107, 115-16, 123; Smith, *History of Mathematics,* 2: 427.

21. "Mathematics, the History of," in *The New Encyclopaedia Britannica,*15th ed. (Chicago: Encyclopaedia Britannica, 1987),23: 612.

22. Alfred Hooper, *Makers of Mathematics* (New York: Random House,1948),66-7.

23. Raymond L. Wilder, *Mathematics as a Cultural System* (Oxford: Pergamon Press, 1981), 130.

24. *The Opus Majus of Roger Bacon,* trans. Robert B. Burke (Philadelphia: University of Pennsylvania Press, 1928), 1: 287,2: 644-5.

25. Nicholas de Cusa, *Idiota de Mente. The Layman: About Mind,* trans. Clyde L. Miller (New York: Abaris Books, 1979), 61; Wilder, *Mathematics as a Cultural System, 45.*

26. *The Collected Dialogues of Plato,* ed. Edith Hamilton and Huntington Cairns

(Princeton, N.J.: Princeton University Press, 1961), 775; Smith, *History of Mathematics,* 1: 89; Sal Restivo, *The Social Relation of Physics, Mysticism, and Mathematics* (Dordrecht: Reidel, 1983), 218; Menninger, *Number Words, 136-8.*

27. Edward H. Hall, *Papias and His Contemporaries* (Boston: Houghton, Mifflin, 1899), 121-2.

28. Christopher Butler, *Number Symbolism* (New York: Barnes & Noble, 1970), 47.

29. George !frah, *From One to Zero: A Universal History of Numbers,* trans. Lowell Blair (Harmondsworth: Penguin Books, 1987), 307.

30. Arthur Koestler, *The Sleepwalkers: A History of Man's Changing Vision of the Universe* (Harmondsworth: Penguin Books, 1964), 251-5, 270,279.

31. Ibid., 535, 611.

第七章　视觉化导论

1. Samuel Y. Edgerton, Jr., "From Mental Matrix to *Mappamundi* to Christian Empire: The Heritage of Ptolemaic Cartography in the Renaissance, " in *Art and Cartography: Six Historical Essays,* ed. David Woodward (Chicago: University of Chicago Press, 1987), 15.

2. Witold Kula, *Measure and Men,* trans. R. Szreler (Princeton, N.J.: Princeton University Press, 1986), 104.

3. David S. Landes, *Revolution in Time: Clocks and the Making of the Modern World* (Cambridge, Mass.: Harvard University Press, 1983), 78-9,83.

4. E. G. R. Taylor, *The Haven-Finding Art: The History of Navigation from Odysseus to Captain Cook* (New York: Abelard-Schuman, 1957), 104-9,131.

5. J. Huizinga, *The Waning of the Middle Ages* (New York: Doubleday,1954),284.

6. Ibid., 292, 296, 297, 302.

7. Thomas S. Kuhn, *The Copernican Revolution: Planetary Astronomy in the Development of Western Thought* (Cambridge, Mass.: Harvard University Press, 1957), 130; *The Letters of Marsilio Ficino,* trans. Members of the Language Department of the School of Economic Sciences, London (London: Shepheard-Walwyn, 1975), 1: 38.

8. M. T. Clanchy, *From Memory to Written Record: England, 1066-1307*(Cambridge, Mass.: Harvard University Press, 1979),45,258.

9. Ibid., 215.

10. Paul 1. Achtemeier, *"Omne verbum sonat:* The New Testament and the Oral Environment of Late Western Antiquity," *Journal of Biblical Literature,* 109 (Spring 1990), 10, 17; Paul Saenger, "Silent Reading: Its Impacton Late Medieval Script and Society," *Viator,* 13 (1982),371,378.

11. St. Augustine, *Confessions,* trans. R. S. Pine-Coffin (Harmondsworth: Penguin Books, 1961), 114.

12. Plutarch, *The Lives of the Noble Grecians and Romans,* trans. John Dryden (New York: The Modem Library, n.d.), 1189; St. Augustine, *Confessions,* 178; Saenger, "Silent Reading," 368.

13. Saenger, "Silent Reading," 406; Einhard and Notker the Stammerer, *TwoLives of Charlemagne,* trans. Lewis Thorpe (Harmondsworth: PenguinBooks, 1969), 79.

14. Albert Kapr, *The Art of Lettering: The History, Anatomy, and Aestheticsofthe Roman Letter Forms* (New York: Saur Miichen, 1983),57-63.

15. Saenger, "Silent Reading," 384,397,402-3,407. By the fifteenth centurythe practice was so common that Oxford's 1412 regulations declared thelibrary to be a place of silence and in 1431 the University of Angersforbade conversation and even murmuring in its library.

第八章 音乐

1. Johannes Kepler, *The Harmonies of the World,* in *Great Books of theWestern World,* ed. Robert Hutchins (Chicago: Encyclopaedia Britannica,1952), 16: 1048.

2. Max Weber, *The Rational and Social Foundations of Music,* trans. DonMartindale, Johannes Riedel, and Gertrude Neuwirth (Carbondale: Southern Illinois University Press, 1958), 83.

3. G. Rochberg, "The Structure of Time in Music: Traditional and Contemporary Ramifications and Consequences," in *The Study of Time: Proceedings of the Second Conference of the International Society for the Study ofTime,* eds. J. T. Fraser and N. Lawrence (New York: Springer, 1975), 2: 147.

4. Ernest Brehaut, *An Encyclopedist of the Dark Ages: Isidore ofSeville* (NewYork: Burt Franklin, 1964), 137.

5. Eric Werner, "The Last Pythagorean Musician: Johannes Kepler," in *Aspects of Medieval and Renaissance Music,* eds. Martin Bernstein, HansLenneberg, and Victor Yellin (New York: Norton, 1966), 867-92; Kepler, *The Harmonies of the World,* 1040, 1049.

6. Giulio Cattin, *Music of the Middle Ages,* trans. Steven Botterill (CambridgeUniversity Press, 1984), 1: 48-53; *Source Readings in Music History,* 1: *Antiquity and the Middle Ages,* ed. Oliver Strunk (New York: Norton, 1965), 93.

7. Bede, *A History of the English Church and People,* trans. Leo Sherley-Price (Harmondsworth: Penguin Books, 1968),250-2.

8. Ibid., 206-7.

9. Donald Jay Grout with Claude V. Palisca, *A History ofWestern Music,* 3ded. (New York: Norton, 1980),36,45; "Gregorian Chant," in *New Catholic Encyclopedia* (Washington, D.C.: The Catholic University of America,1967), 6: 760; John A. Emerson, "Gregorian Chant," in *The Dictionary ofthe Middle Ages,* ed. Joseph R. Strayer (New York: Scribner's, 1985), 13:661-4. In the fourteenth century Jacques de Liege railed that some singerswere distorting Gregorian chant by reducing it to mensural music, whichsuggests that our widespread assessment of it as unmensural is accurate. See F. Joseph Smith, *Iacobi Leodiensis Speculum Musicae,* 1: *A Commentary* (Brooklyn: Institute of Mediaevel Music, 1966), 30. See also CurtSachs, *Rhythm and Tempo: A Study in Music History* (New York: Norton,1953),147.

10. Cattin, *Music of the Middle Ages,* 1: 69,74.

11. Gregory Murray, *Gregorian Chant According to the Manuscripts* (London: L. J. Cary, 1963),5.

12. Cattin, *Music of the Middle Ages,* 1: 56-8; John Stevens, *Words andMusic in the Middle Ages* (Cambridge University Press, 1986), 45, 272-7; Higini Angles, "Gregorian Chant," in *The New Oxford History ofMusic,* eds. Richard Crocker and David Hiley (Oxford: Oxford UniversityPress, 1954-90), 2: *Early Medieval Music Up to 1300,* ed. Dom Anselm Hughes (Oxford: Oxford University Press, 1955), 106; Carl Parrish, *TheNotation of Medieval Music* (London: Faber & Faber, 1957),4-6; JamesMcKinnon, "The Emergence of Gregorian Chant in the Carolingian Era," in *Antiquity and the Middle Ages: From Ancient Greece to the 15thCentury,* ed. James McKinnon (Englewood Cliffs, N.J.: Prentice-Hall,1990), 94; David Hiley, "Plainchant Transfigured: Innovation and Reformation through the Ages," in ibid., 123-

4; *The Cambridge Encyclopediaof Language,* ed. David Crystal (Cambridge University Press, 1987), 404.

13. Murray, *Gregorian Chant,* 6.

14. Salomon Bochner, *The Role of Mathematics in the Rise of Science* (Princeton, N.J.: Princeton University Press, 1966),40.

15. Charles M. Radding, *A World Made by Men: Cognition and Society,400-1200* (Chapel Hill: University of North Carolina Press, 1985), 188.

16. *Source Readings in Music History,* 1: 117,118-19.

17. Ibid., 121-4.

18. Richard Rastall, *The Notation of Westem Music* (New York: St. Martin's Press, 1982), 136-7.

19. Cattin, *Music ofthe Middle Ages,* 1: 188.

20. Manfred F. Bukofzer, "Speculative Thinking in Mediaeval Music," *Speculum,* 17 (Apr. 1942), 168-73; Cattin, *Music of the Middle Ages,* 1:101-27.

21. *The New Oxford Companion to Music,* ed. Denis Arnold (Oxford: Oxford University Press, 1983), 1: 312.

22. Christopher Page, *The Owl and the Nightingale: Musical Life and Ideasin France, 1100-1300* (London: J. M. Dent, 1989), 126, 152-3.

23. Ibid., 135, 144-5, 148, 180.

24. Smith, *Jacobi Leodiensis,* 2: 7-8.

25. Andre Goddu, "Music as Art and Science in the Fourteenth Century," *Scientia und ars im Hock- und Spiitmittelalter,* 22: *Miscellanea Mediaevalia* (Berlin: de Gruyter, 1994), 1038, 1039.

26. Claude V. Palisca, "Theory, Theorists," in *The New Grove Dictionaryof Music and Musicians,* ed. Stanley Sadie (London: Macmillan, 1980),18: 744.

27. *Music Theory and Its Sources: Antiquity to the Middle Ages,* ed. AndreBarbera (Notre Dame, Ind.: University of Notre Dame Press, 1990), 182-3; Page, *The Owl and the Nightingale, 152.*

28. *Source Readings in Music History,* 1: 142.

29. Nan Cooke Carpenter, *Music in the Medieval and Renaissance Universities* (New York: Da Capo Press, 1972), 58; Palisca, "Theory, Theorists," 748-9. This is a good deal more complicated than I have indicated. For abrief suggestion of just how much more, see Rebecca A. Baltzer, "Lambertus," in ibid., 10: 400-1.

30. Ronald E. Zupko, *British Weights and Measures: A History from Antiquity to*

the Seventeenth Century (Madison: University of Wisconsin Press,1977),10.

31. *Source Readings in Music History,* 1: 140.

32. *Johannes de Grocheo: Concerning Music,* trans. Albert Seay (ColoradoSprings: Colorado College Music Press, 1967),21,22. See also F. AlbertoGallo, *Music of the Middle Ages* (Cambridge University Press, 1985), 2:11-12.

33. Tom R. Ward, "Johannes de Grocheo," in *New Grove Dictionary ofMusic and Musicians,* 9: 662-3.

34. Marion S. Gushee, "The Polyphonic Music of the Medieval Monastery, Cathedral, and University" in *Antiquity and the Middle Ages, 152.*

35. Goddu," Music as Art and Science in the Fourteenth Century."

36. Bukofzer, "Speculative Thinking in Mediaeval Music," 176.

37. Gallo, *Music ofthe Middle Ages,* 2: 26.

38. Ernest H. Sanders, "Vitry, Philippe de," in *New Grove Dictionary of Music and Musicians,* 20: 22; "Philippe de Vitry's *Ars Nova,* " trans. Leon Plantinga, *Music Theory,* 5 (Nov. 1961), 204-20; Gallo, *Music ofthe Middle Ages,* 2: 31; Daniel Leech-Wilkinson, "Ars Antiqua-ArsNova-Ars Subtilior," in *Antiquity and the Middle Ages,* 221. For theoriginal Latin and a French translation of Philippe de Vitry's treatise onthe new music, see Philippi de Vitriaco, *Ars Nova,* eds. Gilbert Reaney, Andre Gilles, and Jean Maillard (n.c.: American Institute of Musicology,1964).

39. Reinhard Strohm, *The Rise of European Music, 1380-1500* (CambridgeUniversity Press, 1993), 38; J. B. Bury, *The Idea of Progress: An Inquiryinto Its Origin and Growth* (New York: Dover, 1987).

40. *Source Readings in Music History,* 1: 177.

41. Leech-Wilkinson," Ars Antiqua-Ars Nova-Ars Subtilior,» 223.

42. F. J. Smith, *Jacobi Leodiensis Speculum Musicae: A Commentary* (Brooklyn, N.Y.: Institute of Mediaeval Music, 1983), 3: 61.

43. This matter of isorhythm can be easily explained with a piano, even to anonmusician, but defies description in words. The least opaque explanation I have read is Albert Seay's on pages 132-6 of his *Music in theMedieval World,* 2d ed. (Englewood Cliffs, N.J.: Prentice-Hall, 1975).

44. Gallo, *Music ofthe Middle Ages,* 2: 39.

45. Grout, *History of Western Music,* 111, 118, 119-22; *Source Readings inMusic History,* 1: 93, 175, 176; Gilbert Reaney, "Ars Nova," in *ThePelican History of Music,* 1: *Ancient Forms to Polyphony,* eds. AlecRobertson and Denis

Stevens (Harmondsworth: Penguin Books, 1960),273-4; Gallo, *Music of the Middle Ages,* 2: 36-9; Anselm Hughes, "TheMotet and Allied Forms," in *New Oxford History of Music: Early Medieval Music up to 1300,* 2: 391; Rudolph von Ficker, "The Transition onthe Continent," in *The New Oxford History of Music,* 3: *Ars Nova andthe Renaissance, 1300-1540,* eds. Anselm Hughes and Gerald Abraham(Oxford: Oxford University Press, 1960), 145-6.

46. John E. Kaemmer, *Music in Human Life: Anthropological Perspectives onMusic* (Austin: University of Texas Press, 1993), 79.

47. Arthur Koestler, *The Sleepwalkers: A History of Man's Changing Visionof the Universe* (Harmondsworth: Penguin Books, 1964),332,393-4.

48. *Source Readings in Music History,* 1: 184-5, 189, 190; Craig Wright, *Music and Ceremony at Notre Dame of Paris, 500-1550* (CambridgeUniversity Press, 1989),345.

49. Gallo, *Music of the Middle Ages,* 2: 32; Goddu, "Music as Art andScience," 1031.

50. *The Oxford History ofMusic,* 2d ed., eds. H. E. Wooldridge and Percy C. Buck, vol. 1: *The Polyphonic Period,* part 1: *Method of Musical Art,330-1400* (Oxford: Oxford University Press, 1929), 294-5; Wright, *Music and Ceremony at Notre Dame,* 346-7.

51. Claude V. Palisca, "Scientific Empiricism in Musical Thought," in *Seventeenth Century Science and the Arts,* ed. Hedley H. Rhys (Princeton, N.J.: Princeton University Press, 1961),91-2.

52. Leech-Wilkinson, "Ars Antiqua-Ars Nova-Ars Subtilior," 221-3; ErnestH. Sanders, "Fauvel, Roman de," in *New Grove Dictionary of Music andMusicians,* 429-33.

53. Edward H. Roesner, "Philippe de Vitry: Motets and Chansons," Deutsche Harmonia Mundi (Compact Disk 77095-2-RC), 8, 22-3; *Le Roman deFauvel in the Edition of Mesire Chaillou de Pesstain,* Introduction byEdward Roesner, Fran~ois Avril, and Nancy Freeman Regalado (NewYork: Broude Brothers, 1990), 3, 6, 15,24,25,30-8,39,41.

54. Ernest H. Sanders, "Vitry, Philippe de," in *New Grove Dictionary ofMusic and Musicians,* 20: 22-3; "Part 1 of Nicole Oresme's *Algorismusproportionum,*" trans. Edward Grant, *Isis,* 56 (Fall 1965), 328.

55. Victor Zuckerkandl, *Sound and Symbol: Music and the External World,* trans. Willard R. Trask (New York: Pantheon Books, 1956), 159; G.

Rochberg, "The Structure of Time in Music," in *The Study of Time,*2: 143.

56. William Calin, *A Poet at the Fountain: Essays on the Narrative Verse ofGuillaume de Machaut* (Lexington: University Press of Kentucky, 1974), 15, 245; Sarah J. M. Williams, "Machaut's Self-Awareness as Author andProducer," in *Machaut's World: Science and Art in the Fourteenth Century,* eds. Madeleine P. Cosman and Bruce Chandler (New York: Annalsof the New York Academy of Science, 1978), 189.

57. Strohm, *Rise of European Music, 2.*

58. Smith, *Jacobi Leodiensis,* 3: 127.

59. Grout, *History of Western Music,* 113, 122-7. See also Armand Machabey, *Guillaume de Machault, 130? -1377: La vie et ['oeuvre musical, 2vols.* (Paris: Richard-Masse, 1955); Gilbert Reaney, *Guillaume de Machaut* (Oxford: Oxford University Press, 1971).

60. Robert Craft, "Musical Rx for a Political Season," *New York Review ofBooks* (15 July 1976), 39.

61. Gustave Reese, *Music in the Middle Ages* (New York: Norton, 1940),350-2.

第九章 绘画

1. *The Literary Works of Leonardo da Vinci,* trans. and ed. Jean P. Richter (London: Phaidon, 1970), 1: 112,177.

2. For the sake of brevity and darity, I omit color and texture, just as Islighted pitch and ignored timbre in the chapter on music.

3. Marcel Thomas, "French Illumination in the Time of Guillaume de Machaut," in *Machaut's World: Science and Art in the Fourteenth Century,*eds. Madeleine P. Cosman and Bruce Chandler (New York: New YorkAcademy of Science, 1978), 144-65; John White, *The Birth and Rebirthof Pictorial Space* (Boston: Boston Book and Art Shop, 1967), 219-35;A. C. Crombie, *Medieval and Early Modern Science* (New York: Doubleday, 1959),2: plate 1.

4. *The Human Experience of Time: The Development of Its PhilosophicalMeaning,* ed. Charles M. Sherover (New York: New York University Press,1975),371.

5. David M. Wilson, *Anglo-Saxon Art from the Seventh Century to the Norman Conquest* (Woodstock, N.Y.: Overlook Press, 1984), 179.

6. Miriam S. Bunim, *Space in Medieval Painting and the Forerunners ofPerspective*

(New York: AMS Press, 1940), 127-35; John White, *Art andArchitecture in Italy, 1250-1400* (Harmondsworth: Penguin Books, 1987),19, 143-4, 161; John Beckwith, *Early Christian and Byzantine Art* (Harmondsworth: Penguin Books, 1979),241-85.

7. Guillaume de Lorris and Jean de Meun, *The Romance of the Rose,* trans.Charles Dahlberg (Hanover, N.H.: University Press of New England,1986),300-1.

8. Dante Alighieri, *The Divine Comedy: Paradiso,* trans. Charles S. Singleton (Princeton, N.J.: Princeton University Press, 1975), 146-7, 186-7, 376-9.

9. *Dante's Convivio,* trans. William W. Jackson (Oxford: Clarendon Press, 1909), 111.

10. David C. Lindberg, "Roger Bacon and the Origins of *Perspectiva* in theWest," in *Mathematics alld Its Applications to Science and Natural Philosophy in the Middle Ages,* eds. Edward Grant and John E. Murdoch(Cambridge University Press, 1987), 250-3, 258-9; Vasco Ronchi, "Optics and Vision," in *Dictionary of the History of Ideas,* ed. Philip P.Wiener (New York: Charles Scribner's, 1968-74),3: 410.

11. *The Opus Majus of Roger Bacon,* trans. Robert B. Burke (New York:Russell & Russell, 1962), 1: 238-42.

12. White, *Art and Architecture in Italy, 143-224.*

13. Giovanni Boccaccio, *The Decameron,* trans. G. H. McWilliam (Harmondsworth: Penguin Books, 1972), 494; Dante, *Paradiso,* canto 11, lines 94-6; Giorgio Vasari, *Lives of the Artists,* trans. George Bull (Harmondsworth: Penguin Books, 1965), 68; Thomas C. Chubb, *Dante and HisWorld* (Boston: Little, Brown, 1966), 505-7; Patrick Boyde, *Dante Philomythes and Philosopher: Man in the Cosmos* (Cambridge UniversityPress, 1981), 350.

14. Chubb, *Dante and His World, 505-7;* Boccaccio, *The Decameron, 493-5;* Theodor E. Mommsen, *Medieval and Renaissance Studies,* ed. EugeneF. Rice, Jr. (Westport, Conn.: Greenwood Press, 1966),212.

15. John Lamer, *Culture and Society in Italy, 1290-1420* (New York: Scribner's, 1971),268.

16. Edgerton, *Heritage of Giotto's Geometry, 76.*

17. Cennino d'Andrea Cennini, *II Libro del' Arte: The Craftsman's Handbook,* trans. Daniel V. Thompson, Jr. (New Haven, Conn.: Yale University Press, 1933),57.

18. Edgerton, *Renaissance Rediscovery of Linear Perspective, 97.*

19. White, *Art and Architecture in Italy, 317-19.*

20. *Pontormo's Diary,* trans. Rosemary Mayer (New York: Out of LondonPress, 1982),59.

21. James Hankins, *Plato in the Italian Renaissance* (Leiden: Brill, 1990), 1:3-10.

22. Ibid., 2: 461.

23. Paul L. Rose, *The Italian Renaissance of Mathematics* (Geneva: Libraire Droz, 1975),5, 9, 119-20; E. A. Burtt, *The Metaphysical Foundations of Modern Science* (Garden City, N.Y.: Doubleday, 1954),53-5; Paul O. Kristeller, *Renaissance Thought and Its Sources* (New York: Columbia University Press, 1979), 58, 62-3, 151; Nesca A. Robb, *Neoplatonism of the Italian Renaissance* (New York: Octagon Books, 1968), 60, 61, 69;*Nicholas of Cusa on Learned Ignorance,* trans. Jasper Hopkins (Minneapolis: Arthur J. Banning Press, 1981),52, 116-17; Hankins, *Plato in the Italian Renaissance,* 1: 344.

24. *The Republic of Plato,* trans. Francis M. Cornford (New York: Oxford University Press, 1945),241,244.

25. Edgerton, *Renaissance Rediscovery of Linear Perspective, 93-7.*

26. Martin Kemp, *The Science of Art: Optical Themes in Western Art from Brunelleschi to Seurat* (New Haven, Conn.: Yale University Press, 1990),9,12-14.

27. Vasari, *Lives of the Artists,* 139-40; Giorgio de Santillana, "The Role ofArt in the Scientific Renaissance," in *Critical Problems in the History ofScience,* ed. Marshall Clagett (Madison: University of Wisconsin Press,1959), 49; Charles W. Warren, "Brunelleschi's Dome and Dufay's Motet," *Musical Quarterly,* 59 (Jan. 1973), 92-105.

28. Vasari, *Lives of the Artists,* 135-6; Antonio di Tuccio Manetti, *The Life of Brunelleschi,* trans. Catherine Enggass (University Park: Pennsylvania State University Press, 1970), 42-6; Edgerton, *Renaissance Rediscovery of Linear Perspective,* 143-52; Lawrence Wright, *Perspective in Perspective* (London: Routledge & Kegan Paul, 1983), 55-9; Eugenio Battisti, *Filippo Brunelleschi: The Complete Work,* trans. Robert E. Wolf (New York: Rizzolli, 1981), 102-11; Michael Kubovy, *The Psychology of Perspective in Renaissance Art* (Cambridge University Press, 1986),32-9.

29. Ibid., 32-8.

30. Leon Battista Alberti, *On Painting and On Sculpture,* trans. Cecil Grayson

(London: Phaidon Press, 1972), 125.

31. Vasari, *Lives of the Artists,* 208-9; Joan Gadol, *Leon Battista Alberti, Universal Man of the Early Renaissance* (Chicago: University of Chicago Press, 1969),3-7; Jacob Burckhardt, *The Civilization of the Renaissance in Italy* (New York: Harper & Row, 1958), 1: 149.

32. Alberti, *On Painting,* 43-56. For those who want to proceed further, I recommend Samuel Y. Edgerton, }r.'s *The Renaissance Rediscovery of Linear Perspective,* Lawrence Wright's *Perspective in Perspective,* Michael Kabosy's *The Psychology of Perspective and Renaissance Art,* and, of course, Leon Battista Alberti's *On Painting.*

33. Edgerton, *Heritage of Giotto's Geometry,* 156; Edgerton, *Renaissance Rediscovery of Linear Perspective, 45.*

34. Wright, *Perspective in Perspective, 82.*

35. Edgerton, *Renaissance Rediscovery of Linear Perspective, 91-2.*

36. *The Literary Works of Leonardo da Vinci,* 1: 76, 117.

37. William M. Ivins, Jr., *On the Rationalization of Sight* (New York: DaCapo Press, 1973), 7-10, and Samuel Y. Edgerton, Jr., "The Art ofRenaissance Picture-Making and the Great Western Age of Discovery," in*Essays Presented to Myron P. Gilmore,* eds. Sergio Bertelli and GloriaRomalus (Florence: La Nuora Italia, 1978), 2: 144; Edgerton, *Heritageof Giotto's Geometry, 107.*

38. Vasari, *Lives of the Artists, 95-104.*

39. Ibid., 36-8, 45-7, 89, 93, 253-4.

40. Ibid., 193.

41. Wright, *Perspective in Perspective,* 305; Edgerton, "The Art of Renaissance Picture-Making," 2: 135; Yi-Fu Tuan, "Space, Time, Place: A Humanistic Frame," in *Making Sense of Time,* eds. Tommy Carlstein, DonParkes, and Nigel Thrift (New York: Wiley, 1978), 7-16.

42. Wright, *Perspective in Perspective,* 1-32; *Dante's Convivio,* 98; Graham Nerlich, *The Shape of Space* (Cambridge University Press, 1976), 63-4.

43. Morris Kline, *Mathematics for the Nonmathematician* (New York: Dover, 1985), 232-41.

44. Vasari, *Lives of the Artists,* 191; E. Emmett Taylor, No *Royal Road: Luca Pacioli and His Times* (Chapel Hill: University of North Carolina Press, 1942), 191; Kenneth Clark, *Piero della Francesca* (London: Phaidon, 1969),

70; Marilyn A. Lavin, *Piero della Francesca* (London: Allen Lane, 1972), 12.

45. Clark, *Piero, 10-16.*

46. Michael Baxandall, *Painting and Experience in Fifteenth Century Italy,* 2d ed. (Oxford: Oxford University Press, 1988), 86.

47. Clark, *Piero,* 70-4; Arthur Koestler, *The Sleepwalkers: A History of Man's Changing Vision of the Universe* (Harmondsworth: Penguin Books, 1964), 251-4.

48. Edgerton, *Renaissance Rediscovery of Linear Perspective,* 42-3,195.

49. R. Wittkower and B. A. R. Carter, "Perspective of Piero della Francesca's' Flagellation,' » *Journal of Warburg and Courtauld Institutes,* 16 (July Dec. 1953), 293-302. For further quantitative analysis of this painting, see Kemp, *Science of Art,* 30-2. See also Marilyn A. Lavin, *Piero della Francesca: "The Flagellation"* (London: Allen Lane, 1972).

50. Wittkower and Carter, "Perspective of Piero della Francesca's 'Flagellation,'" plate 44.

51. Erwin Panofsky, *The Life and Art of Albrecht Durer* (Princeton, N.J.: Princeton University Press, 1955), 1: 261. See also Suzi Gablik, *Progress in Art* (London: Thames & Hudson, 1976), 70.

第十章　记账

1. Leon Battista Alberti, *The Family in Renaissance Florence (1440),* trans. Renee Watkins (Columbia: University of South Carolina Press, 1969), 150.

2. Ralph Waldo Emerson, "Nominalist and Realist," in *Essays and Lectures* (New York: Literary Classics of the United States, 1983),578.

3. *Medieval Trade in the Mediterranean World,* eds. Robert S. Lopez and Irving W. Raymond (New York: Columbia University Press, 1955),413.

4. Paul Bohannan, "The Impact of Money on an African Subsistence Economy," *Journal of Economic History,* 19 (Dec. 1959),503.

5. *Medieval Trade in the Mediterranean,* 375; William Shakespeare, *The Merchant of Venice,* act 1, scene 1, lines 43-5; act I, scene 3, lines 17-20.

6. Iris Origo, *The Merchant of Prato: Francesco di Marco Datini, 1335-1410* (Boston: David R. Godine, 1986), 61-2.

7. Geoffrey Chaucer, "The Shipman's Tale," *The Canterbury Tales,* in *The Complete Poetry and Prose of Geoffrey Chaucer,* ed. John H. Fisher (New York: Holt, Rinehart & Winston, 1989), 235-41.

8. Origo, *Merchant of Prato,* 109, 185; *Medieval Trade in the Mediterranean,* 375; Alberti, *The Family, 197.*

9. *Medieval Trade in the Mediterranean, 377.*

10. Michael Baxandall, *The Limewood Sculptors of Renaissance Germany* (New Haven, Conn.: Yale University Press, 1980), 136,231.

11. Edward Peragallo, *Origin and Evolution of Double Entry Bookkeeping* (New York: American Institute, 1938), 18-19. See also Origo, *Merchant of Prato, 109.*

12. Chaucer, "General Prologue," *Canterbury Tales,* lines 610-12.

13. Origo, *Merchant of Prato, 98.*

14. Peragallo, *Origin and Evolution of Double Entry Bookkeeping,* 22, 25.

15. R. Emmett Taylor, *No Royal Road: Luca Pacioli and His Times* (New York: Arno Press, 1980), 61.

16. R. de Roover, "The Organization of Trade," in *Economic Organization and Policies in the Middle Ages,* eds. M. M. Postan, E. E. Rich, andEdward Miller, The Cambridge Economic History of Europe (Cambridge University Press, 1963), 91-2; Peragallo, *Origin and Evolution of Double Entry Bookkeeping,* 25; Geoffrey A. Lee, "The Coming of Age of Double Entry: The Giovanni Farolfi Ledger of 1299-1300," *Accounting Historians Journal,* 4 (Fall 1977), 79-95. See also the first ninety or so pages of *The Development of Double Entry, Selected Essays,* ed. Christopher Nobes (New York: Garland, 1984).

17. Peragallo, *Origin and Evolution of Double Entry Bookkeeping, 7-9.*

18. Ibid., 7-9; Raymond de Roover, "The Development of Accounting Priorto Luca Pacioli According to the Account-books of Medieval Merchants," in *Studies in the History of Accounting,* eds. A. C. Littleton and B. S. Yamey (Homewood, Ill.: Irwin, 1956), 132 (for another printing of the same article, see *Business, Banking, and Economic Thought: Selected Studies by Raymond de Roover* [Chicago: University of Chicago Press,1974], 119-82); Origo, *Merchant of Prato, 156.*

19. Paragallo, *Origin and Evolution of Double Entry Bookkeeping, 27-9.*

20. S. A. Jayawardene, "Pacioli, Luca," in *The Dictionary of Scientific*

Biography, ed. Charles C. Gillispie (New York: Scribner's, 1970-80), 10: 269; Taylor, No *Royal Road,* 9, 20, 23, 119.

21. Taylor, No *Royal Road,* 48,53,55.

22. Ibid., 90, 91, 117, 121, 124, 149, 176, 264-5; *Pacioli on Accounting,* trans. and eds. R. Gene Brown and Kenneth S. Johnston (New York: Garland, 1984),27.

23. Jayawardene, "Pacioli," 270-1.

24. Samuel Y. Edgerton, Jr., *The Heritage of Giotto's Geometry: Art and Science on the Eve of the Scientific Revolution* (Ithaca, N.Y.: Cornell University Press, 1991), 148.

25. H. E. Huntley, *The Divine Proportion: A Study of Mathematical Beauty* (New York: Dover, 1970),23. Those who want to pursue the subject of divine proportion, Platonic solids, and such will do well to read this book.

26. Paul L. Rose, *The Italian Renaissance of Mathematics* (Geneva: Libraire Roz, 1975), 144; Jayawardene, "Pacioli," 269-70; Taylor, No *Royal Road,* 251, 253, 262, 264-5, 268-9, 274-5, 334-55; Giorgio Vasari, *The Lives of the Artists,* trans. George Bull (Harmondsworth: Penguin Books, 1971), 191, 196.

27. Ann E. Moyer, *Musica Scientia: Musical Scholarship in the Italian Renaissance* (Ithaca, N.Y.: Cornell University Press, 1992), 127, 132, 133; Jayawardene, "Pacioli," 270; Taylor, No *Royal Road,* 183, 190-5, 197.

28. Jayawardene, "Pacioli," 270, 271-2.

29. *Pacioli on Accounting,* 8; William Jackson, *Bookkeeping: In the True Italian Form of Debtor and Creditor by Way of Double Entry, or Practical Bookkeeping* (Philadelphia, 1801, 1818).

30. *Pacioli on Accounting,* 33, 55, 76-8, 79, 99.

31. Ibid., 98.

32. Ibid., 9, 87.

33. The sources of the following description of Pacioli's bookkeeping techniques are a neat summary of same on pages 64-75 of Taylor's No*Royal Road* and pages 25-109 of Gene Brown and Kenneth S. Johnston'stranslation, *Pacioli on Accounting.*

34. *Pacioli on Accounting, 28-33.*

35. Ibid., 37.

36. Ibid., 43-5, 47.

37. Arnold Pacey, *Technology in World Civilization: A Thousand-Year History* (Cambridge, Mass.: MIT Press, 1990),42.

38. *Pacioli on Accounting, 97.*

39. Joseph R. Strayer, «Accounting in the Middle Ages, 500-1500," in *Accountancy in Transition,* ed. Richard P. Brief (New York: Garland, 1982), 20-1.

40. *Pacioli on Accounting, 40.*

41. Paul F. Grendler, *Schooling in Renaissance Italy: Literacy and Learning,1300-1600* (Baltimore: Johns Hopkins Press, 1989),22-3, 306-23.

42. Frank J. Swetz, *Capitalism and Arithmetic: The New Math of the 15thCentury* (La Salle, Ill.: Open Court, 1987), 139.

43. Taylor, No *Royal Road,* 359, 370-3, 379, 381.

44. *Pacioli on Accounting,* 51, 107-9.

第十一章　新模型

1. Patrick Boyde, *Dante, Philomythes and Philosopher* (Cambridge UniversityPress, 1981), 210. For a succinct statement of Bonaventure's theory oflight, see David C. Lindberg, "The Genesis of Kepler's Theory of Light: Light Metaphysics from Plotinus to Kepler," *Osiris,* n.s., 2 (1986), 17

2. There are many sources for these last few paragraphs. Most importantamong them are the previously cited works of Walter J. Ong and SamuelY. Edgerton, Jr. See also Bruno Latour, "Visualization and Cognition: Thinking with Eyes and Hands,» *Knowledge and Society: Studies in theSociology of Culture Past and Present, A Research Annual,* 6 (1986), 1-40.

3. Arthur Koestler, *The Sleepwalkers: A History ofMan's Changing Vision ofthe Universe* (Harmondsworth: Penguin Books, 1964),276.

4. Ibid., 535.

5. A. G. Keller, "A Byzantine Admirer of 'Western' Progress: Cardinal Bessarion," *Cambridge Historical Journal,* 11, no. 3 (1955), 22-3.

6. Eviatar Zerubavel, *Hidden Rhythms: Schedules and Calendars in SocialLife* (Chicago: University of Chicago Press, 1967), xvi.

7. Geo. Haven Putnam, *Books and Their Makers During the Middle Ages*(New York: Putnam's, 1896), 10-11, 184-6, 205; Curt F. Buhler, *TheFifteenth*

284

万物皆可测量

Century Book (Philadelphia: University of Pennsylvania Press,1960),22.

8. Carlo M. Cipolla, *Before the Industrial Revolution: European Societyand Economy, 1000-1700* (New York: Norton, 1980), 179; Elizabeth L.Eisenstein, *The Printing Revolution in Early Modern Europe* (CambridgeUniversity Press, 1983), 13-16; Hermann Kellenbenz, "Technology in theAge of the Scientific Revolution, 1500-1799," in *The Fontana EconomicHistory of Europe: The Sixteenth and Seventeenth Centuries,* ed. Carlo M.Cipolla (London: William Collins, 1974), 180; Fernand Braude!, *Civilization and Capitalism, 15th-18th Century,* 1: *The Structures of EverydayLife: The Limits of the Possible,* trans. Shin Reynolds (New York: Harper& Row, 1981),400.

9. Eisenstein, *The Printing Revolution.*

10. Samuel Y. Edgerton, Jr., *The Heritage of Giotto's Geometry: Art andScience on the Eve of the Scientific Revolution* (Ithaca, N.Y.: CornellUniversity Press, 1991), 126, 129, 131, 136-7, 142.

11. Ibid., 168, 172, 181, 182, 188, 190.

12. Ibid., 173-8.

13. Samuel Y. Edgerton, Jr., *The Renaissance Rediscovery of Linear Perspective* (New York: Basic Books, 1975),99-110.

14. E. G. R. Taylor, *The Haven-Finding Art: A History of Navigation fromOdysseus to Captain Cook* (New York: Abelard-Schuman, 1957), 157-78.

15. John Noble Wilford, *The Mapmakers: The Story of the Great Pioneers inCartography from Antiquity to the Space Age* (New York: Vintage Books, 1982),73-7.

16. Ibid., 76; Taylor, *The Haven-Finding Art,* 223,226; Margaret E. Baron, "Napier, John,» in *The Dictionary ofScientific Biography,* ed. Charles C.Gillispie (New York: Scribner's, 1970-80),9: 610.

18. John Napier, *Construction of the Wonderful Canon of Logarithms* (London: Dawsons of Pall Mall, 1966), xv-xvi; Carl B. Boyer, *A History ofMathematics* (Princeton, N.J.: Princeton University Press, 1985), 342-3; "John Napier," in *The Dictionary of National Biography* (Oxford: Oxford University Press, reprint 1922-3), 14: 60-4.

19. Brian P. Levack, *The Witch-Hunt in Early Modern Europe* (London:Longman, 1987), 21.

20. Claude V. Palisca, "Scientific Empiricism in Musical Thought," in *Seventeenth Century Science and the Arts,* ed. Hedley H. Rhys (Princeton, N.J.:Princeton

University Press, 1961), 92; James Reston, Jr., *Galileo: A Life* (New York: HarperColiins, 1994), 6-10; Stillman Drake, *(;alileo atWork: His Scientific Biography* (Chicago: University of Chicago Press, 1978), 15-17; Stillman Drake, *Galileo Studies: Personality, Tradition,and Revolution* (Ann Arbor: University of Michigan Press, 1970), 43;Edgerton, *Heritage of Giotto's Geometry,* 223-53; Galileo Galilei, *Dialogue Concerning the Two Chief World Systems,* trans. Stillman Drake (Berkeley: University of California Press, 1967), 104-5. For further information on the involvement of Descartes, Stevin, Kepler, and other contemporary scientists in music theory, see H. F. Cohen, *Quantifying Music:The Science of Music in the First Stage of the Scientific Revolution, 1580-1650* (Dordrecht: Reidel, 1984)

21. *Discoveries and Opinions of Calileo,* trans. Stillman Drake (Garden City,N.Y.: Doubleday, 1957), 237-8.